浙江省重点教材建设项目

全国高等院校计算机职业技能应用规划教材

数字电路基础与实验实训

孔欣　管瑞霞　严伟　编著

U0390536

中国人民大学出版社

·北京·

前　言

随着半导体技术的迅猛发展和微型计算机的广泛应用,数字电子技术在现代科学技术领域已经成为发展最快的学科之一。它的发展不仅深刻地影响着人们的生产、生活,也推动着其他学科的进步。

本书遵循理论够用、应用为主、注重实践的教学思想编写。根据高校学生的实际情况,注重基础知识与应用并重,强调实践动手能力,在内容安排上弱化了繁杂的数学公式推导以及集成电路的内部结构,将重点放在学生在数字逻辑电路领域的基本素质培养,分析、设计、调试方法的训练,以及分析设计能力的提高上,力求简明扼要、深入浅出、通俗易懂、图文并茂。

本书从实用数字电子技术的基础理论出发,由浅入深地介绍了数字逻辑电路的基本概念、常用集成电路芯片及其应用。全书共分10章,主要内容按照知识能力训练和实验技能训练设计,第1~7章包括数字逻辑电路基础知识、逻辑门电路、组合逻辑电路、触发器、时序逻辑电路、模-数和数-模转换、半导体存储器和可编程逻辑器件,并配有习题和答案;第8章主要介绍数字电路实验中常用仪器的使用方法和电路故障的诊断技术,电路搭接和调试的基本方法以及安全用电知识;第9章给出了9个典型的实验项目,实验的设计从认知性实验、基础性实验到系统设计性实验,实验项目包括集成逻辑门电路的逻辑功能测试、TTL门电路主要参数的测试、组合逻辑电路的设计与测试、译码器及其应用、数据选择器及其应用、触发器逻辑功能的测试、移位寄存器的功能测试及其应用、计数器功能测试及其应用、D-A与A-D转换器;第10章给出了4个实训项目,包括使用门电路产生脉冲信号——自激多谐振荡器、交通灯控制电路设计、四人智力竞赛抢答器设计、简易数字频率计设计。在安排教学内容时,可以视具体要求和学时的多少,做必要的增删,实验实训也可自由穿插到相关知识的教学后进行。

本书为浙江省重点教材建设项目,由孔欣、管瑞霞、严伟编著。其中第1、2、6、8章由孔欣编写,第3~5章由管瑞霞编写,第7章由严伟编写,第9、10章由孔欣和管瑞霞共同编写。本书由孔欣策划和统稿。

由于编者水平有限,书中错漏和不妥之处难免,欢迎读者批评指正,联系邮箱是 kongxinkx@sohu.com。

编　者

2012年2月

目　录

第1章 数字逻辑电路基础知识

 课前导读

计算机除了用于数值计算外，还要处理大量符号，如英文字母、汉字、图像、声音等非数值信息。

案例1：

当你要用计算机编写文章时，就需要将文章中的各种符号、英文字母、汉字等输入计算机，然后由计算机进行编辑排版。因此，计算机要对各种文字进行处理。通常，计算机中的数据可以分为数值型数据与非数值型数据。其中数值型数据就是常说的"数"（如整数、实数等），它们在计算机中是以二进制形式存放的。而非数值型数据与一般的"数"不同，通常不表示数值的大小，而只表示字符或图形等信息，但这些信息在计算机中也是以二进制形式来表示的。

老子说：道生一，一生二，二生三，三生万物，万物负阴而抱阳，冲气以为和。这段话所指的，就是《易经》利用阴阳创造万物的基本思想与过程。现代计算机所应用的，正符合宇宙创造万物的阴阳原理。具体地说，《易经》八卦的生成，恰恰表达了上述的二进制原理。

在1672—1676年，德国著名的数学家和哲学家莱布尼兹（Gottfried Wilhelm von Leibniz）研究了二进制算术。之后，他接触到了中国《易经》中的六十四卦图，认为二进制数与六十四卦图的符号是有联系的，1703年，莱布尼兹在法国《皇家科学院纪录》上发表标题为《关于仅用0与1两个记号的二进制算术的说明并附有其效用及关于据此解释古代中国伏羲图的探讨》的论文。图1—1是八卦生成过程与二进制的比较。

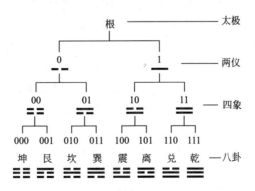

图1—1 八卦生成过程和二进制的比较

计算机是由电子元器件构成的，二进制只有两个数字，在电气、电子元器件中最易实现，它用两种稳定的物理状态即可表达，且稳定可靠。而若采用十进制，则需用十种稳定的物理状态分别表示十个数字，不易找到具有这种性能的元器件，即使有，其运算与控制的实现也极为复杂。

案例2：

在客观世界中，事物的发展变化通常都是有一定因果关系的。例如，电灯的亮、灭决定了电源是否接通，如果接通，电灯就会亮，否则就灭。电源接通与否是因，电灯亮不亮是果。这种因果关系，一般称为逻辑关系，反映和处理这种关系的数学工具，就是逻辑代数。

逻辑代数由英国数学家 George Boole 在 19 世纪中叶创立，所以也叫做布尔代数。直到 20 世纪 30 年代，美国人克劳福德·香农（Claude Elwood Shannon）在开关电路中才找到了它的途径，并且很快就成为分析和设计开关电路的重要数学工具。

计算机是一种能够自动完成运算的电子装置。其所以能够自动完成运算，是因为它能够存储程序、原始数据和中间结果，并采用二进制计算出最终结果。利用计算机不仅能够完成数学运算，而且可以进行逻辑运算，同时还具有推理判断的能力。因此，人们称它为"电脑"。现在，科学家们正在研究具有"思维能力"的智能计算机。那么，布尔代数、逻辑学和二进制算术之间有什么内在的联系？计算机中的运算是怎样实现的？二进制和逻辑代数就是本章所要讲授的重要内容。

技能目标

- 掌握逻辑函数的表示方法及相互转换；
- 掌握利用公式法和卡诺图法对逻辑函数进行化简。

知识目标

- 了解数制与编码；
- 掌握逻辑代数的基本定律和基本运算规律；
- 掌握逻辑函数的各种表达方式。

用于电子电路的信号分为两大类：模拟信号和数字信号。

在时间和数量上都是离散的物理量称为数字量。表示数字量的信号称做数字信号。工作在数字信号下的电子电路称做数字电路。例如，用电子电路记录从自动生产线上输出的零件数目时，每送出一个零件便给电子电路一个信号，使之记 1，而平时没有零件送出时加给电子电路的信号是 0，所以不记数。可见，零件数目这个信号无论在时间上还是在数量上都是不连续的，因此它是一个数字信号。最小的数量单位就是 1。

在时间上或数值上都是连续的物理量称为模拟量。表示模拟量的信号称做模拟信号。工作在模拟信号下的电子电路称做模拟电路。例如，热电偶在工作时输出的电压信号就属于模拟信号，因为所测得的电压信号无论在时间上还是在数量上都是连续的。这个电压信号在连续变化过程中的任何一个取值表示一个相应的温度。

1.1 数制与编码

1.1.1 数制

1. 基本概念

任意一个数都可以表示为：

$$(D)_r = a_{n-1}r^{n-1} + a_{n-2}r^{n-2} + \cdots + a_1r^1 + a_0r^0 = \sum_{i=-m}^{n-1}a_ir^i$$

其中，r 为该进制数的基数；a_i 为该进制数中第 i 位上的数码；r^i 为第 i 位的位权；a_ir^i 表示第 i 位的位值。

例如，8×10^2 表示十进制整数第 3 位上的位值是 800。当 i 为负整数时，r^i 表示该进制小数位上的位权。

- 数制：计数的方法，用一组固定的符号和统一的规则来表示数值的方法。在计数过程中采用进位的方法，称为进位计数制。
- 数码（数位）：数码在一个数中所处的位置，它可以是 0～9 这十个数码中的任何一个。
- 基数：在某种进位计数制中，数位上所能使用的数码的个数。例如，二进制的基数是 2，十进制数的基数是 10，八进制的基数是 8，n 进制的基数就是 n。
- 位权：在某种进位计数制中，数位所代表的大小。对于一个 n 进制数（即基数为 n），若数位记作 j，则位权可记作 n^j。

2. 计算机中常用数制的表示

（1）十进制数（Decimal Number）用后缀 D 表示或无后缀。

基数是 10，用到 0、1、2、3、4、5、6、7、8、9 共十个数码，逢十进一。

（2）二进制数（Binary Number）用后缀 B 表示。

基数是 2，用 0、1 来表示，逢二进一。

（3）八进制数（Octal Number）用后缀 O 表示。

基数是 8，用 0、1、3、4、5、6、7 来表示，逢八进一。

（4）十六进制数（Hexadecimal Number）用后缀 H 表示。

基数是 16，用 0～9、A、B、C、D、E、F 来表示，逢十六进一。

在计算机系统中，二进制主要用于机器内部的数据处理；八进制和十六进制主要用于书写程序；十进制主要用于运算最终结果的输出。

1.1.2 数在计算机中的表示方法

1. 数的符号表示法

由于在计算机中，二进制数码是用双稳态元件来表示的，因此，对于数的符号"＋"或"－"很容易想到也用一位数码来表示，即：用数码"0"表示正数的符号"＋"；用数码"1"表示负数的符号"－"。

有符号数在机器中的表示形式如图 1—2 所示，前者表示＋74，后者表示－74。

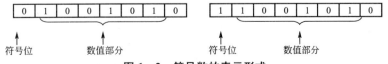

图 1—2 符号数的表示形式

这种连正负号也数字化的数，称为机器数，是计算机所能识别的数；而把这个数本身，

3

即用"+"、"-"号表示的数称为真值。

2. 数的原码、反码及补码

数的二进制数表示形式在计算机中通常有三种代码，即原码、反码和补码。在了解原码、反码和补码之前，首先应了解机器数的概念。机器数是指数在计算机中的表示形式。为了表示通常的数与机器数的对应关系，将通常的数称为机器数的数值。因此，在计算机中只有机器数，不存在数的真值。

（1）原码。原码是一种简单的机器数表示法。其符号位用数码 0 表示正号，用数码 1 表示负号，数值部分按二进制书写。

【例 1】 写出数 $X=+1010$ 的原码。

解：$X_{原}=00001010$

【例 2】 写出数 $X=-1010$ 的原码。

解：$X_{原}=10001010$

（2）补码。正数的补码就是它本身；负数的补码是取真值的绝对值，再按二进制逐位求反，最后加 1，就成了负数的补码。

【例 3】 写出数 $X=+1010$ 的补码。

解：$X_{补}=00001010$

【例 4】 写出数 $X=-1010$ 的补码。

解：$X_{补}=11110110$

（3）反码。正数的反码就是它本身，按二进制书写即是。负数的补码是取真值的绝对值，再按二进制逐位求反即可。

【例 5】 写出数 $X=+0011$ 的反码。

解：$X_{反}=00000011$

【例 6】 写出数 $X=-0011$ 的反码。

解：$X_{反}=11111100$

3. 定点数、浮点数表示法

在计算机中，根据数据中小数点的位置是固定不变的，还是浮动变化的，分有定点数和浮点数。定点数表示的是纯整数或纯小数；浮点数表示任何数；定点数用原码、反码、补码表示；浮点数表示法 $f=m\times r^e$，其中，m 为浮点数尾数，r 为浮点数的基数，e 为浮点数的阶。在不同的机器中，浮点数的表示也不尽相同。

1.1.3 计算机中的编码

由于计算机只能识别二进制数，但是它不仅要处理二进制数，还要处理十进制数、八进制数、十六进制数，同时还要处理各种符号、英文字母和汉字等。为了使计算机能够识别这些数、字母和符号，因此要将它们用特定的二进制代码来表示，即用二进制数对数字与字符进行编码。用按一定规律排列的多位二进制数码表示某种信息，称为编码。形成代码的规律法则，称为码制。

1. BCD 码（二-十进制编码）

把十进制数的每一位分别写成二进制形式的编码，称为二进制编码的十进制数，即二-十进制编码或 BCD（Binary Coded Decimal）码。

BCD 码的编码方法很多，通常采用 8421 编码。其方法是用四位二进制数表示一位十进制数，从左到右每一位对应的权分别是 2^3、2^2、2^1、2^0，即 8、4、2、1。例如，十进制数

1975 的 8421 码是：1975（D）＝0001 1001 0111 0101（BCD）。

2. 字符编码

在计算机中，对非数值的文字和其他符号进行处理时，首先要对其进行数字化处理，即用二进制编码来表示文字和符号。字符编码就是以二进制的数字来对应字符集的字符，目前用得最普遍的字符集二进制编码是 ANSI 码。DOS 和 Windows 操作系统都使用了 ANSI 码。

3. ASCⅡ码

ASCⅡ码是用七位二进制表示字符的一种编码，使用一个字节表示一个特殊的字符，字节高位为 0 或用于在数据传输时的校验。

4. 汉字编码

西文是拼音文字，基本符号比较少，编码比较容易，因此，在一个计算机系统中，输入、内部处理、存储和输出都可以使用同一代码。汉字种类繁多，编码比拼音文字困难，因此在不同的场合要使用不同的编码。通常有四种类型的汉字编码，即输入码、国标码、内码、字形码。

1.2 逻辑代数基础

1.2.1 逻辑变量

逻辑是指事物的因果关系，或者说条件和结果的关系，这些因果关系可以用逻辑运算来表示，也就是用逻辑代数来描述。逻辑代数是按一定的逻辑关系进行运算的代数，是分析和设计数字电路的数学工具。

事物往往存在两种对立的状态，在逻辑代数中可以抽象地表示为 0 和 1，称为逻辑 0 状态和逻辑 1 状态。

逻辑代数中的变量称为逻辑变量，用大写字母表示。逻辑变量的取值只有两种，即逻辑 0 和逻辑 1，0 和 1 称为逻辑常量，并不表示数量的大小，而是表示两种对立的逻辑状态。

在逻辑代数中，只有 0 和 1 两种逻辑值，与、或、非三种基本逻辑运算，还有与或、与非、或非、异或、同或几种导出逻辑运算。

1.2.2 逻辑代数中的三种基本运算

1. 与

如图 1—3 所示，指示灯控制电路代表与的因果关系。如果把开关闭合作为条件 A、B，把灯亮、暗作为结果 F，图 1—3 的例子表明，只有当决定一件事情的条件全部具备之后，这件事情才会发生。这种因果关系叫做与逻辑（逻辑乘法运算），记作：$F=A \cdot B$。

若分别以 A、B 表示两个开关的状态，并以 1 表示开关闭合，以 0 表示开关打开；以 F 表示灯的状态，并以 1 表示灯亮，以 0 表示灯灭。与逻辑关系的逻辑真值表见表 1—1。

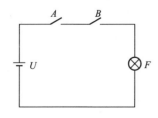

图 1—3 与关系指示灯控制电路

表 1—1 与运算真值表

输入		输出
A	B	F
0	0	0
0	1	0
1	0	0
1	1	1

与逻辑电路图形符号如图1—4所示。图中列出了与逻辑电路的国标图形符号、国外流行图形符号和曾用图形符号。

(a) 国标图形符号　　　(b) 国外流行图形符号　　　(c) 曾用图形符号

图1—4　与逻辑电路图形符号

2. 或

图1—5所示的是指示灯控制电路代表或的因果关系。同样把开关闭合作为条件A、B，把灯亮、暗作为结果F，图1—5的例子表明，只要当决定某一事件的条件中有一个或一个以上具备，这一事件就能发生，这种因果关系称为或逻辑（逻辑加法运算），记作：$F=A+B$。

若分别以A、B表示两个开关的状态，并以1表示开关闭合，以0表示开关打开；以F表示灯的状态，并以1表示灯亮，以0表示灯灭。或逻辑关系的逻辑真值表见表1—2。

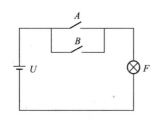

图1—5　或关系指示灯控制电路

表1—2　　　　　或运算真值表

输入		输出
A	B	F
0	0	0
0	1	1
1	0	1
1	1	1

或逻辑电路图形符号如图1—6所示。图中列出了或逻辑电路的国标图形符号、国外流行图形符号和曾用图形符号。

(a) 国标图形符号　　　(b) 国外流行图形符号　　　(c) 曾用图形符号

图1—6　或逻辑电路图形符号

3. 非

图1—7所示的是指示灯控制电路代表非的因果关系。同样把开关闭合作为条件A，把灯亮、暗作为结果F。图1—7的例子表明，当决定某一事件的条件满足时，事件不发生；反之，事件发生，这种因果关系称为非逻辑（逻辑求反运算），记作：$F=\overline{A}$。

若以A表示开关的状态，并以1表示开关闭合，以0表示开关打开；以F表示灯的状态，并以1表示灯亮，以0表示灯灭。非逻辑关系的逻辑真值表见表1—3。

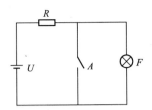

图 1—7　非关系指示灯控制电路

表 1—3　非运算真值表

输入	输出
A	F
0	1
1	0

非逻辑电路图形符号如图 1—8 所示。图中列出了非逻辑电路的国际图形符号、国外流行图形符号和曾用图形符号。

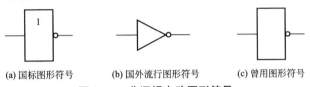

(a) 国标图形符号　　　(b) 国外流行图形符号　　　(c) 曾用图形符号

图 1—8　非逻辑电路图形符号

1.2.3　复合逻辑运算

复合逻辑运算和常用逻辑门将与、或、非三种基本的逻辑运算进行组合，可以得到各种形式的复合逻辑运算，其中最常用的几种复合逻辑运算是"与非"运算、"或非"运算、"异或"运算以及"同或"运算。

1.与非运算

与非逻辑运算算式为 $F=\overline{A \cdot B}$。与非逻辑真值表见表 1—4，运算符号如图 1—9 所示。

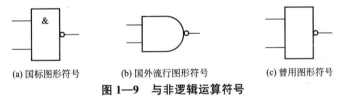

(a) 国标图形符号　　　(b) 国外流行图形符号　　　(c) 曾用图形符号

图 1—9　与非逻辑运算符号

2.或非运算

或非逻辑运算算式为 $F=\overline{A+B}$。或非逻辑真值表见表 1—5，运算符号如图 1—10 所示。

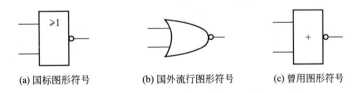

(a) 国标图形符号　　　(b) 国外流行图形符号　　　(c) 曾用图形符号

图 1—10　或非逻辑运算符号

表 1—4　　　与非运算真值表

A	B	F
0	0	1
0	1	1
1	0	1
1	1	0

表 1—5　　　或非运算真值表

A	B	F
0	0	1
0	1	0
1	0	0
1	1	0

7

3. 异或运算

异或逻辑运算算式为 $F=A \oplus B=A\bar{B}+\bar{A}B$。异或逻辑真值表见表 1—6，运算符号如图 1—11 所示。

(a) 国标图形符号　　　(b) 国外流行图形符号　　　(c) 曾用图形符号

图 1—11　异或逻辑运算符号

4. 同或运算

同或逻辑运算算式为 $F=A \odot B=AB+\bar{A}\bar{B}$。同或逻辑真值表见表 1—7，运算符号如图 1—12 所示。

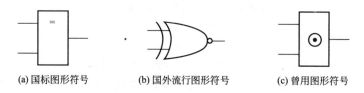

(a) 国标图形符号　　　(b) 国外流行图形符号　　　(c) 曾用图形符号

图 1—12　同或逻辑运算符号

表 1—6	异或运算真值表	
A	**B**	**F**
0	0	0
0	1	1
1	0	1
1	1	0

表 1—7	同或运算真值表	
A	**B**	**F**
0	0	1
0	1	0
1	0	0
1	1	1

1.2.4　基本公式和定律

1. 常量之间的关系

在逻辑代数中，只有 0 和 1 两个常量，而最基本的逻辑关系只有与、或、非三种，常量之间的关系见表 1—8。

表 1—8　常量之间的关系表

与运算	或运算	非运算
0 · 0＝0	0＋0＝0	$\bar{0}=1$
0 · 1＝0	0＋1＝1	
1 · 0＝0	1＋0＝1	$\bar{1}=0$
1 · 1＝1	1＋1＝1	

2. 基本公式

用字母来代替描述事物的两种对立的逻辑状态（字母的取值非 0 即 1），叫做逻辑变量；字母上无反号的叫做原变量；字母上有反号的叫做反变量。逻辑变量的基本公式见表 1—9。

0—1 律	$A+0=A$	$A+1=1$	$A \cdot 0=0$	$A \cdot 1=A$
互补律	$A+\overline{A}=1$	$A \cdot \overline{A}=0$	—	—
等幂律	$A+A=A$	$A \cdot A=A$	—	—
双重否定律	$\overline{\overline{A}}=A$	—	—	—
交换律	$A+B=B+A$	$A \cdot B=B \cdot A$	—	—
结合律	$(A+B)+C=A+(B+C)$	$(A \cdot B) \cdot C=A \cdot (B \cdot C)$	—	—
分配律	$A+B \cdot C=(A+B) \cdot (A+C)$	$A \cdot (B+C)=A \cdot B+A \cdot C$	—	—
反演律 （摩根定律）	$\overline{A \cdot B}=\overline{A}+\overline{B}$	$\overline{A+B}=\overline{A} \cdot \overline{B}$	—	—

上述公式可用穷举法证明。如果对字母变量所有可能的取值在等式两边始终相等，则公式成立。

【例 7】 证明：$\overline{A \cdot B}=\overline{A}+\overline{B}$。

证明：对 A、B 两个逻辑变量，其所有可能的取值为 00、01、10、11 四种列表如表 1—10 所示。

A	B	$A \cdot B$	$\overline{A \cdot B}$	$\overline{A}$	$\overline{B}$	$\overline{A}+\overline{B}$	结论
0	0	0	1	1	1	1	$\overline{A \cdot B}=\overline{A}+\overline{B}$
0	1	0	1	1	0	1	$\overline{A \cdot B}=\overline{A}+\overline{B}$
1	0	0	1	0	1	1	$\overline{A \cdot B}=\overline{A}+\overline{B}$
1	1	1	0	0	0	0	$\overline{A \cdot B}=\overline{A}+\overline{B}$

由此可知：$\overline{A \cdot B}=\overline{A}+\overline{B}$ 成立。

用上述方法同样可以证明：$\overline{A \cdot B \cdot C}=\overline{A}+\overline{B}+\overline{C}$。

1.2.5 若干常用公式

1. $A+AB=A$

证明：左边$=A \cdot 1+A \cdot B=A \cdot (1+B)=A \cdot 1=A=$右边。

2. $A+\overline{A}B=A+B$

证明：左边$=A+AB+\overline{A}B=A+(A+\overline{A})B=A+1 \cdot B=A+B=$右边。

1.2.6 逻辑代数的三个规则

在逻辑代数中，利用代入规则、对偶规则、反演规则可由基本定律推导出更多的公式。

1. 代入规则

在任何一个逻辑等式中，如将等式两边所有出现某一变量的地方都用同一函数式替代，则等式仍然成立。这个规则叫做代入规则。

例如，已知$\overline{A \cdot B}=\overline{A}+\overline{B}$，如用 $B \cdot C$ 来代替等式中的 B，则等式仍成立，故有 $\overline{A \cdot B \cdot C}=$ $\overline{A}+\overline{B \cdot C}=\overline{A}+\overline{B}+\overline{C}$。

2. 对偶规则

将某一逻辑表达式 Y 中的"·"换成"+"、"+"换成"·"；"0"换成"1"，"1"换成"0"，就得到一个新的表达式 Y'。这个新的表达式 Y' 就是原表达式 Y 的对偶式。如果两个逻辑式相等，则它们的对偶式也相等，这就是对偶规则。

例如，已知 $A+\bar{A}B=A+B$，则 $A \cdot (\bar{A}+B)=AB$。

3. 反演规则

如将某一逻辑式 Y 中的"·"换成"＋"、"＋"换成"·"；"0"换成"1"，"1"换成"0"；原变量换成反变量，反变量换成原变量，则所得到的逻辑表达式称为原式的反演式 $\bar{Y}$，这种变换方法称为反演规则。利用反演规则可以比较容易地求出一个函数的反函数。

【例 8】 求函数 $Y=\bar{A} \cdot B+C \cdot \bar{D}+0$ 的反函数。

解：利用反演规则可得：$\bar{Y}=(A+\bar{B}) \cdot (\bar{C}+D) \cdot 1$。

【例 9】 已知函数 $Y=\bar{A}(B+C\bar{D})+\bar{B}C$，求 $\bar{Y}$。

解：利用公式可得 $\bar{Y}=\overline{\overline{A}(B+C\bar{D})+\bar{B}C}=\overline{\bar{A}(B+C\bar{D})} \cdot \overline{\bar{B}C}$

$$=(A+\overline{B+C\bar{D}})(B+\bar{C})$$

$$=[A+\bar{B}(\bar{C}+D)](B+\bar{C})。$$

若运用反演规则，可直接求出：$\bar{Y}=[A+\bar{B}(\bar{C}+D)](B+\bar{C})$。

1.3 逻辑函数及其表示方法

1.3.1 逻辑函数

从上面讲过的各种逻辑关系中可以看到，如果以逻辑变量作为输入，以运算结果作为输出，则输出与输入之间是一种函数关系，这种函数关系称为逻辑函数，写作：$Y=F(A, B, C, \cdots)$。

任何一件具体的因果关系都可以用一个逻辑函数描述，由于变量和输出（函数）的取值只有 0 和 1 两种状态，所以我们所讨论的都是二值逻辑函数。

1.3.2 逻辑函数的表示方法

常用的逻辑函数表示方法有逻辑真值表（简称真值表）、逻辑函数式（也称逻辑式或函数式）、逻辑图、卡诺图和波形图（见第 4 章）等。

1. 真值表

将输入变量所有的取值下对应的输出值列成表格，即可得到真值表。

【例 10】 在一个举重比赛中，比赛规则规定，在一名主裁判和两名副裁判中，必须有两人以上（而且必须包括主裁判）认定运动员的动作合格，试举才算成功。用一个逻辑函数真值表描述比赛的逻辑功能。

解：A 表示主裁判的判定，B 和 C 表示两名副裁判的判定，"1"表示裁判认为动作合格，"0"表示判定动作不合格；Y 表示运动员试举是否成功，以"1"表示试举成功，以 0 表示试举不成功。逻辑关系见表 1—11。

2. 逻辑函数式

把输出与输入之间的逻辑函数关系写成与、或、非等运算的组合式，就得到了所需的逻辑函数式，如 $Y=A(B+C)$。

3. 逻辑图

将逻辑函数中各变量之间的与、或、非等逻辑关系用图形符号表示出来，就可以画出表示函数关系的逻辑图。

【例11】 画出逻辑函数 $Y=A(B+C)$ 的逻辑图。

解： B 和 C 之间是或运算关系，可用或运算符号表示；A 和 $(B+C)$ 之间是与运算关系，可用与运算符号表示。A、B、C 是输入变量，Y 是输出函数。画出的逻辑图如图 1—13 所示。

表 1—11　　　　　例 10 真值表

输　　入			输出
A	B	C	Y
0	0	0	0
0	0	1	0
0	1	0	0
0	1	1	0
1	0	0	0
1	0	1	1
1	1	0	1
1	1	1	1

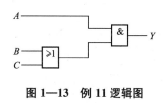

图 1—13　例 11 逻辑图

1.3.3 逻辑函数表示方法的相互转换

既然同一个逻辑函数可以用三种不同的方法描述，那么这三种方法之间必能相互转换。经常用到的转换方式有以下几种。

1. 从真值表到逻辑函数式

通过真值表写出逻辑函数式的一般方法如下：

（1）找出真值表中使逻辑函数 $Y=1$ 的那些输入变量取值的组合。

（2）每组输入变量取值的组合对应一个乘积项，其中取值为 1 的写入原变量，取值为 0 的写入反变量。

（3）将这些乘积项相加，即得 Y 的逻辑表达式。

【例12】 已知一个奇偶判别函数的真值表如表 1—12 所示，试写出它的逻辑函数。

解：（1）由真值表可见，只有当 A、B、C 三个输入变量中两个同时为 1 时，Y 才为 1。因此，在输入变量取值为 $A=0$，$B=1$，$C=1$；$A=1$，$B=0$，$C=1$；$A=1$，$B=1$，$C=0$ 三种情况时，Y 等于 1。

表 1—12　　　　　　　　　　　　　例 12 真值表

A	B	C	Y	输入变量取值的组合
0	0	0	0	
0	0	1	0	
0	1	0	0	
0	1	1	1	$\overline{A}BC$
1	0	0	0	
1	0	1	1	$A\overline{B}C$
1	1	0	1	$AB\overline{C}$
1	1	1	0	

（2）当 $A=0$，$B=1$，$C=1$ 时，必然使乘积 $\overline{A}BC=1$；当 $A=1$，$B=0$，$C=1$ 时，必然

使乘积项 $A\bar{B}C=1$；当 $A=1$，$B=1$，$C=0$ 时，必然使 $AB\bar{C}=1$。

（3）Y 的逻辑函数应当等于这三个乘积项之和，即 $Y=\bar{A}BC+A\bar{B}C+AB\bar{C}$。

2. 从逻辑式列出真值表

将输入变量取值的所有组合状态逐一代入逻辑式求出函数值，列成表，即可得到真值表。

【例 13】 已知逻辑函数 $Y=A+\bar{B}C+\bar{A}B\bar{C}$，求它对应的真值表。

解：将 A、B、C 的各种取值逐一代入 Y 式中计算，将计算结果列表，即得如表 1—13 所示的真值表。

表 1—13 　　　　　　　　　　　　　　例 13 真值表

A	B	C	$\bar{B}C$	$\bar{A}B\bar{C}$	Y
0	0	0	0	0	0
0	0	1	1	0	1
0	1	0	0	1	1
0	1	1	0	0	0
1	0	0	0	0	1
1	0	1	1	0	1
1	1	0	0	0	1
1	1	1	0	0	1

3. 从逻辑式画出逻辑图

用图形符号代替逻辑式中的运算符号，并依据运算优先顺序把这些图形符号连接起来，就可以画出逻辑图。

【例 14】 已知函数 $L=AB+\bar{A}\bar{B}$，画出对应的逻辑图。

解：变量 A、B 为输入变量，变量 L 为输出变量，可用两个非门、两个与门和一个或门组成，其逻辑图如图 1—14 所示。

4. 从逻辑图写出逻辑式

将上面的过程反过来即可。从输入端到输出端逐级写出每个图形符号对应的逻辑式就可以得到对应的逻辑函数式了。

【例 15】 写出如图 1—15 所示逻辑图的函数表达式。

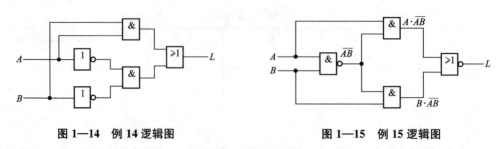

图 1—14　例 14 逻辑图　　　　　　图 1—15　例 15 逻辑图

解：$L=\overline{A \cdot \overline{AB}+B \cdot \overline{AB}}$

1.4 逻辑函数的化简法

在进行逻辑运算时常常会看到，同一个逻辑函数可以写成不同的逻辑式，而这些逻辑

12

$$Y_2 = A + \overline{A}CD + \overline{A}\,B\overline{C}$$

$$Y_3 = A\overline{B}\,\overline{C}D + \overline{A\overline{B}\,\overline{C}}$$

$$Y_4 = AC + \overline{A}D + \overline{C}D$$

解： $Y_1 = \overline{B} + ABC = \overline{B} + AC$

$Y_2 = A + \overline{A}CD + \overline{A}\,B\overline{C} = A + \overline{A}(CD + B\overline{C}) = A + CD + B\overline{C}$

$Y_3 = A\overline{B}\,\overline{C}D + \overline{A\overline{B}\,\overline{C}} = A\overline{B}\,\overline{C} + D$

$Y_4 = AC + \overline{A}D + \overline{C}D = AC + (\overline{A} + \overline{C})D = AC + \overline{AC}D = AC + D$

5．配项法

配项法是利用公式 $A + A = A$ 和 $A + \overline{A} = 1$ 对逻辑函数进行化简。

【例 21】 试化简逻辑函数 $Y = \overline{A}B\overline{C} + \overline{A}BC + ABC$。

解： $Y = \overline{A}B\overline{C} + \overline{A}BC + ABC = \overline{A}B\overline{C} + \overline{A}BC + \overline{A}BC + ABC$

$\qquad = \overline{A}B(C + \overline{C}) + BC(\overline{A} + A) = \overline{A}B + BC$

在化简复杂的逻辑函数时，往往需要灵活、交替地综合运用上述方法，才能得到最后的化简结果。

【例 22】 试化简逻辑函数 $Y = A\overline{B} + \overline{B}C + B\overline{D} + \overline{C}D + A(B + \overline{C}) + \overline{A}BC\overline{D} + A\overline{B}DE$。

解： $Y = A\overline{B} + \overline{B}C + B\overline{D} + C\overline{D} + A(B + \overline{C}) + \overline{A}BC\overline{D} + A\overline{B}DE$

$\qquad = AC + \overline{B}C + B\overline{D} + C\overline{D} + A\overline{B}\,\overline{C} + A\overline{B}DE$

$\qquad = AC + \overline{B}C + B\overline{D} + A\overline{B}\,\overline{C} + A\overline{B}DE$

$\qquad = AC + \overline{B}C + A + B\overline{D} + A\overline{B}DE$

1.4.3 逻辑函数的卡诺图化简法

1．逻辑函数的卡诺图表示法

任意逻辑函数均可写成最小项形式。如果两个最小项中只有一个变量互为反变量，其余变量均相同，则称这两个最小项为逻辑相邻，简称相邻项。例如，最小项 ABC 和 $A\overline{B}C$ 就是相邻最小项。逻辑函数的卡诺图是一个特定的方格图。图中的每一个小方格代表了逻辑函数的一个最小项，且任意两个相邻小方格所代表的最小项为相邻项，只有一个变量之差。逻辑函数的最小项的个数与其卡诺图小方格的个数相等。图形两侧标准的 0 和 1 表示对应小方格内最小项为 1 的变量取值，处在任何一列或一行两端的最小项也具有逻辑相邻性。

（1）二变量卡诺图。两个变量 A、B 可组成四个最小项，用四个相邻的小方块表示。变量 A 表示小方块的行，第一行的小方块是 $\overline{A}$，第二行的小方块是 A；变量 B 表示小方块的列，第一列的小方块是 $\overline{B}$，第二列小方块是 B。原变量用 1 表示，反变量用 0 表示。二变量卡诺图如图 1—16 所示。

（2）三变量卡诺图。三个变量 A、B、C 可组成 8 个最小项，用 8 个相邻的小方块表示。三变量卡诺图如图 1—17 所示。

（3）四变量卡诺图。四个变量 A、B、C、D 可组成 16 个最小项，用 16 个相邻的小方块表示。四变量卡诺图如图 1—18 所示。

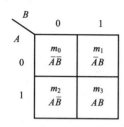

A \ B	0	1
0	m_0 $\overline{A}\,\overline{B}$	m_1 $\overline{A}B$
1	m_2 $A\overline{B}$	m_3 AB

图 1—16　二变量卡诺图

A \ BC	00	01	11	10
0	m_0 $\overline{A}\,\overline{B}\,\overline{C}$	m_1 $\overline{A}\,\overline{B}C$	m_3 $\overline{A}BC$	m_2 $\overline{A}B\overline{C}$
1	m_4 $A\overline{B}\,\overline{C}$	m_5 $A\overline{B}C$	m_7 ABC	m_6 $AB\overline{C}$

图 1—17　三变量卡诺图

AB \ CD	00	01	11	10
00	m_0 $\overline{A}\,\overline{B}\,\overline{C}\,\overline{D}$	m_1 $\overline{A}\,\overline{B}\,\overline{C}D$	m_3 $\overline{A}\,\overline{B}CD$	m_2 $\overline{A}\,\overline{B}C\overline{D}$
01	m_4 $\overline{A}B\overline{C}\,\overline{D}$	m_5 $\overline{A}B\overline{C}D$	m_7 $\overline{A}BCD$	m_6 $\overline{A}BC\overline{D}$
11	m_{12} $AB\overline{C}\,\overline{D}$	m_{13} $AB\overline{C}D$	m_{15} $ABCD$	m_{14} $ABC\overline{D}$
10	m_8 $A\overline{B}\,\overline{C}\,\overline{D}$	m_9 $A\overline{B}\,\overline{C}D$	m_{11} $A\overline{B}CD$	m_{10} $A\overline{B}C\overline{D}$

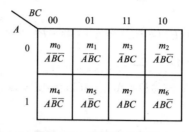

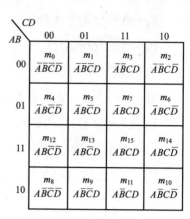

图 1—18　四变量卡诺图

逻辑变量的取值顺序是按照循环码排列的，以确保相邻的两个最小项仅有一个变量是不同的。

最小项集合在位置上相邻有三种情况：相接、相对、相重。

2. 用卡诺图表示逻辑函数

用卡诺图表示逻辑函数，规则说明如下：

• 在卡诺图中，每一小方格代表了一个最小项，变量取值为 1 的代表原变量，为 0 的代表反变量。

• 对任何一个最小项逻辑函数表达式，可将其所具有的最小项在卡诺图中相应的方格中填 1。

• 一般与或表达式可直接填写在卡诺图中。

【例 23】 将逻辑函数式 $F=\overline{A}B\overline{C}\,\overline{D}+A\overline{B}\,\overline{C}\,\overline{D}+\overline{A}B\overline{C}D+ABCD$ 用卡诺图表示。

解： 如果表达式为最小项表达式，则可直接填入卡诺图。画出四变量最小项卡诺图，在对应于函数式中各最小项的位置上填入 1，其余位置上填入 0，就得到如图 1—19 所示的卡诺图。

【例 24】 将逻辑函数式 $F=A\overline{B}\,\overline{C}+A\overline{B}+B\overline{C}+AC$ 用卡诺图表示。

解： 如表达式不是最小项表达式，但是与或表达式，可将其先化简成最小项表达式，再填入卡诺图。$A\overline{B}=A\overline{B}C+A\overline{B}\,\overline{C}$；$B\overline{C}=AB\overline{C}+\overline{A}B\overline{C}$；$AC=ABC+A\overline{B}C$。熟练后可直接填入。逻辑函数式 F 的卡诺图见图 1—20。

AB \ CD	00	01	11	10
00	0	0	0	0
01	1	1	0	0
11	0	0	1	0
10	1	0	0	0

图 1—19　例 23 卡诺图

A \ BC	00	01	11	10
0	0	0	0	1
1	1	1	1	1

图 1—20　例 24 卡诺图

3. 利用卡诺图化简逻辑函数

利用卡诺图化简逻辑函数的方法称为卡诺图化简法或图形化简法。化简式依据的基本原理就是具有相邻性的最小项可以合并，并消去不同的因子。

(1) 合并最小项的规则。在卡诺图中，凡紧邻的小方格或与轴线对称的小方格都叫做逻

辑相邻，它们之间只有一个变量不同，可圈在一起，利用公式 $AB+A\overline{B}=A$ 进行合并。

① 两个相邻的小方格可以合并成一个乘积项，且消去一个变量。图 1—21 中画出了两个最小项相邻的两种可能情况：$\overline{A}BC+\overline{A}B\overline{C}=\overline{A}B$ 和 $A\overline{B}\overline{C}+AB\overline{C}=A\overline{C}$。

② 四个相邻的小方格可合并为一个乘积项，且消去两个变量。图 1—22 中画出了四个最小项相邻的四种可能情况：$\overline{B}\overline{D}$、$A\overline{B}$、$\overline{A}\overline{D}$ 和 BD。

A BC 00 01 11 10
0 0 0 1 1
1 1 0 0 1

图 1—21　两个最小项合并

AB CD 00 01 11 10
00 1 1
01
11
10 1 1 1 1
AB CD 00 01 11 10
00 1 1
01 1 1 1 1
11 1 1
10

图 1—22　四个最小项合并

③ 8 个相邻小方格可合并为一个乘积项，且消去三个变量。图 1—23 中画出了 8 个最小项相邻的两种可能情况：A、$\overline{D}$。

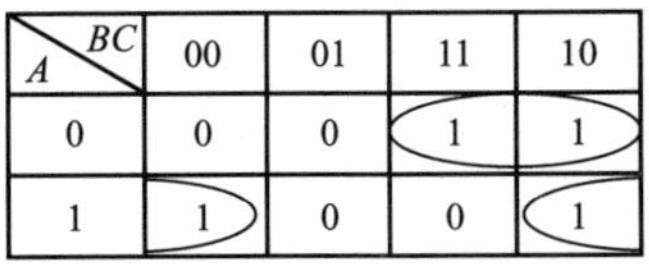

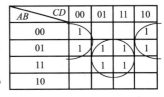

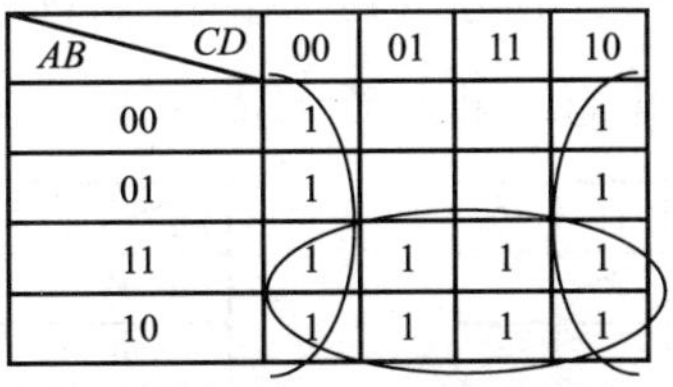

AB CD 00 01 11 10
00 1 1
01 1 1
11 1 1 1 1
10 1 1 1 1

图 1—23　8 个最小项合并

（2）卡诺图化简法的最简步骤。用卡诺图化简逻辑函数时可按如下步骤进行：

① 将逻辑表达式转换成最小项表达式，填写对应小方格。

② 将相邻的 2^n 个为 1 的小方格圈在一起，应尽可能圈进多的小方格。

③ 所画圈必须包含一个新的最小项，否则得到的是多余项。

④ 根据所画的圈写出对应乘积项，再将其逻辑相加，得到最简表达式。

【例 25】 用卡诺图化简法将下式化简为最简与或函数式。

$Y=A\overline{C}+\overline{A}C+\overline{B}C+B\overline{C}$

解： 首先画出表示逻辑函数 Y 的卡诺图，如图 1—24 所示。

由卡诺图可知 $Y=A\overline{B}+\overline{A}C+B\overline{C}$。

【例 26】 用卡诺图化简法将下式化简为最简与或函数式。

$Y=\overline{A}\overline{B}\overline{C}\overline{D}+A\overline{B}\overline{C}D+\overline{A}B\overline{C}+AB\overline{D}+\overline{A}BC+BCD$

解： 首先画出表示逻辑函数 Y 的卡诺图，如图 1—25 所示。

A BC 00 01 11 10
0 1 1 1
1 1 1 1

图 1—24　例 25 卡诺图

AB CD 00 01 11 10
00 1
01 1 1 1 1
11 1 1 1
10 1

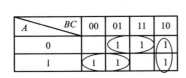

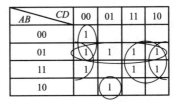

图 1—25　例 26 卡诺图

由卡诺图可知 $Y=\overline{A}B+BC+B\overline{D}+\overline{A}C\overline{D}+A\overline{B}C\overline{D}$。

1.4.4 具有无关项的逻辑函数化简

由于逻辑变量的取值受到限制（约束），使得某些最小项（及其和）永远等于 0，那些恒等于 0 的最小项就是无关项。

在卡诺图中无关项用×表示。如对化简逻辑函数有用，对组成更大的相邻矩形组有用，可将它们吸收进去（因为它们为 0，等于在逻辑函数中添加 0），反之弃之。

【例 27】 将下列函数化简为最简与或函数式。

$Y=C\overline{D}(A\oplus B)+\overline{A}B\overline{C}+\overline{A}CD$ （约束条件 $AB+CD=0$）

解： $Y=\overline{A}BC\overline{D}+A\overline{B}C\overline{D}+\overline{A}B\overline{C}+\overline{A}CD$

$AB+CD=\sum(12，13，14，15，3，7，11)=0$

函数 Y 的卡诺图如图 1—26 所示，则 $Y=B+\overline{A}D+AC$。

【例 28】 将下列函数化简为最简与或函数式。

$Y=\overline{A}C\overline{D}+\overline{A}B\overline{C}\overline{D}+A\overline{B}\overline{C}\overline{D}$ （约束条件 $\sum(10，11，12，13，14，15)=0$）

解： 函数 Y 的卡诺图如图 1—27 所示。该卡诺图上有四个矩形组，其中 m_{11}，m_{13}，m_{15} 三个无关项在化简中没有用到。化简结果为 $Y=B\overline{D}+A\overline{D}+C\overline{D}$。

AB\CD	00	01	11	10
00		1	×	
01	1		×	1
11		×	×	×
10			×	1

图 1—26 例 27 卡诺图

AB\CD	00	01	11	10
00				1
01		1		1
11	×	×	×	×
10	1		×	

图 1—27 例 28 卡诺图

习　题　1

1. 将下列各数按权展开，并转换为十进制数。

(1) 1001010111B

(2) DF8H

(3) 732O

2. 写出下列二进制数所对应的原码、反码和补码。

(1) $+1101$　　　　　　　　(2) -10110

(3) $+1100010$　　　　　　(4) -1001000

3. 写出下列逻辑函数的对偶式。

(1) $Y=A(B+C)$

(2) $Y=A\overline{B}+A(C+D)$

4. 写出下列逻辑函数的反函数。

(1) $Y=(A+\overline{A}B)(C+D\overline{EF})$

(2) $Y=\overline{\overline{A}+\overline{B}C}+B\overline{C}+\overline{E}$

5. 利用逻辑代数基本公式和常用公式化简下列逻辑函数。

(1) $Y=AC\bar{D}+\bar{D}$

(2) $Y=(A+B)A\bar{B}$

(3) $Y=A\bar{B}+AC+BC$

(4) $Y=AB(A+\bar{B}C)$

(5) $Y=\bar{E}\bar{F}+\bar{E}F+E\bar{F}+EF$

(6) $Y=ABD+A\bar{B}CD+\bar{A}CDE+A$

(7) $Y=A+\overline{(B+\bar{C})}(A+\bar{B}+C)(A+B+C)$

(8) $Y=A\bar{B}(\bar{A}CD+\overline{AD+\bar{B}\bar{C}})(\bar{A}+B)$

(9) $Y=B\bar{C}+AB\bar{C}E+B(\overline{\bar{A}D+AD})+B(\bar{A}D+A\bar{D})$

(10) $Y=A\bar{C}\bar{D}+BC+\bar{B}D+A\bar{B}+\bar{A}C+\bar{B}\bar{C}$

6. 利用卡诺图化简下列逻辑函数。

(1) $Y=\bar{A}B+\bar{B}C+AC$

(2) $Y=\bar{A}B\bar{C}+AB\bar{D}+ACD+\bar{A}CD$

(3) $Y=A\bar{B}+\bar{A}C+BC+\bar{C}D$

(4) $Y=A\bar{B}\bar{C}+\bar{A}B+\bar{A}D+C+BD$

(5) $Y=\bar{B}CD+B\bar{C}+\bar{A}CD+A\bar{B}C+BCD+A\bar{B}\bar{C}D$

(6) $Y(A,B,C)=\sum(m_0,m_1,m_2,m_5,m_6,m_7)$

(7) $Y(A,B,C)=\sum(m_1,m_3,m_5,m_7)$

(8) $Y(A,B,C,D)=\sum(m_0,m_1,m_2,m_3,m_5,m_8,m_9)$

(9) $Y=(A\bar{B}+B)C\bar{D}+\overline{(A+B)(\bar{B}+C)}$，给定约束条件为 $ABC+ACD+BCD=0$。

(10) $Y(A,B,C)=\sum(m_0,m_1,m_2,m_4)$，给定约束条件为 $m_3+m_5+m_7=0$。

7. 根据下列文字叙述建立真值表。

(1) 设有一个三变量逻辑函数 $Y(A,B,C)$，当变量组合中出现偶数个1时，$Y=1$，否则 $Y=0$。

(2) 设有一个三变量逻辑函数 $Y(A,B,C)$，当变量组合取值完全一致时，输出为1，其余情况输出为0。

8. 试画出下列函数的逻辑图。

(1) $Y=A\bar{B}+\bar{B}C$

(2) $Y=\bar{A}B\bar{C}+A\bar{B}C+ABC$

(3) $Y=\overline{\bar{A}B+A\bar{B}}$

9. 写出图1—28中各逻辑图的逻辑函数式。

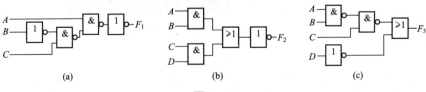

(a)   (b)   (c)

图 1—28

第 2 章　逻辑门电路

课前导读

2007 年 12 月的《计算机世界》中提到，现代发明不要光想着是空调、电视、计算机或因特网，一些研究和分析人员认为，20 世纪最重大的发明是晶体管。计算机的处理器是由晶体管组成的，如果没有晶体管，服务器或许要有三层楼那么高，而笔记本电脑只能以道具的身份出现在电影中，我们驾驶我们的爱车去想去的特色餐馆时也不能享受到导航服务。

案例 1：

在 20 世纪 30 年代，从事电话业务的企业就希望能有一种电子器件，它具有电子管的电信号放大功能但却没有电子管的灯丝，因为加热灯丝不仅消耗能量而且需要时间，这就延长了工作时的启动过程；再加上灯丝有一定的寿命，连续使用一年半载就要更换。此外，灯丝发出的热量有时还需要排除。这些缺点给电子管设备的设计者、使用者和维修者带来很多不便。对此，军事部门需要解决的迫切性更为强烈。图 2—1 所示的是一个电子管电台，它造价高、体积大、笨重，电子管易出问题。

图 2—1　北京通信博物馆展览的电子管电台

案例 2：

20 世纪 30 年代，美国贝尔实验室主任 Kelly 根据半导体在光照下能产生电流，以及它和金属接触能起到整流和检波作用的现象，认为半导体有希望取代电子管。1947 年，贝尔实验室的肖克利（William Shockely）、巴丁（John Bardeen）和布拉顿（Walter Brattain）组成的研究小组，研制出一种点接触型的锗晶体管，如图2—2所示。1956年，肖克利、巴丁、布拉顿三人，因发明晶体管荣获诺贝尔物理学奖。

晶体管的问世，是20世纪的一项重大发明，是微电子革命的先声。晶体管出现后，人们就能用一个小巧的、消耗功率低的电子器件来代替体积大、功率消耗大的电子管了。晶体管的发明又为后来集成电路的降生吹响了号角。由图2—3所示的电子管、晶体管与集成电路芯片的比较可以看出，晶体管的体积比电子管的体积大大地减小了。

晶体管的低成本、灵活性和可靠性使其成为非机械任务（如数值计算）的通用器件。在控制电器和机械方面，晶体管电路也正在取代电机设备，因为它通常是更便宜、更有效的。晶体管的原理是怎样的呢？晶体管在电路中是怎样实现逻辑的？这是本章所要讲授的主要内容。

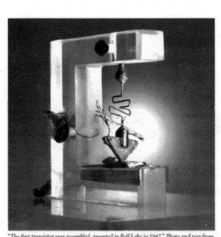

图2—2　世界上第一个晶体管

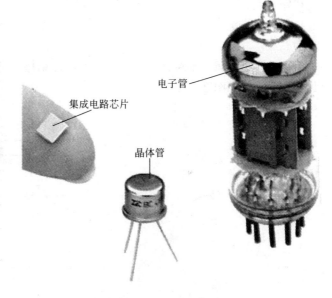

集成电路芯片

电子管

晶体管

图2—3　电子管、晶体管与集成电路芯片比较

技能目标

- 了解二极管和三极管的作用；
- 了解基本逻辑门电路的构成；
- 掌握半导体二极管和三极管的开关作用。

知识目标

- 熟悉半导体的基本知识；
- 了解二极管和三极管的特性。

2.1 常用二极管

2.1.1 半导体基本知识

1. 半导体材料

半导体是指导电能力介于导体和绝缘体之间的一种物质。现代电子器件多数是由半导体材料制成的。常用半导体材料有：元素半导体，如硅（Si）、锗（Ge）等；化合物半导体，如砷化镓（GaAs）；掺杂材料，如硼（B）、磷（P）、铟（In）、锑（Sb）等。半导体除了在导电能力上不同于导体和绝缘体外，它最主要的特性是当半导体受到外界光和热的刺激以及在纯净半导体中加入微量杂质时，其导电能力会发生显著的变化。要理解这些特点必须首先了解半导体结构。

2. 半导体的共价键结构

在电器元件中，用得最多的材料是硅和锗，它们的简化原子模型如图2—4所示。硅和锗都是四价元素，最外层具有四个价电子。由于原子呈中性，原子核用带圆圈的＋4表示。价电子受原子核的束缚力最小，物质的化学性质及导电能力是由价电子决定的。

半导体与金属、绝缘体一样，均具有晶体结构，它们的原子有序排列，邻近原子之间由共价键联结，如图2—5所示。

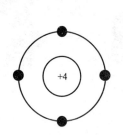

图2—4 硅和锗的简化原子模型

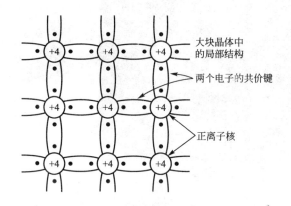

图2—5 半导体的共价键结构

2.1.2 半导体的导电作用

1. 本征半导体

完全不含杂质且无晶格缺陷的纯净半导体称为本征半导体。实际半导体不可能绝对地纯净，本征半导体一般是指导电主要由材料的本征激发决定的纯净半导体。硅和锗都是四价元素，其原子核最外层有四个价电子。它们都是由同一种原子构成的"单晶体"，属于本征半导体。

一般来说，本征半导体相邻原子间存在稳固的共价键，导电能力并不强。在本征半导体中掺入微量杂质后，其导电能力就可增加几十万乃至几百万倍，利用这种特性就可制造二极管、三极管等半导体器件。

在半导体结构中，价电子（原子的最外层电子）不像在绝缘体（八价元素）中那样被束缚得很紧，在获得一定能量（温度增高、受光照等）后，即可摆脱原子核的束缚（电子受到激发），成为自由电子。

当电子挣脱共价键的束缚成为自由电子后，就同时在原来的共价键的相应位置留下一个空位，这个空位称为空穴。空穴的出现是半导体区别于导体的一个重要特点。显然，自由电子和空穴是成对出现的，所以又称电子空穴对。

在半导体原子模型如图2—6所示。

在外电场的作用下，半导体中将出现两部分电流：一部分是自由电子做定向运动形成的电子电流；另一部分是仍被原子核束缚的价电子（不是自由电子）替补空穴形成的空穴电流。也就是说，在半导体中存在自由电子和空穴两种载流子，这是半导体和金属在导电机理上的本质区别。

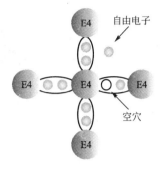

图2—6　半导体原子模型

本征半导体中的自由电子和空穴总是成对出现的，同时又不断复合，在一定温度下达到动态平衡，载流子便维持一定数目。温度愈高，载流子数目愈多，导电性能也就愈好。所以，温度对半导体器件性能的影响很大。

2. 杂质半导体

在本征半导体中掺入微量杂质，电阻率就大大降低。这是因为加进杂质后，空穴和电子的数目会大大增加，就会使半导体的导电能力发生显著改变。根据掺入杂质的化合价的不同，杂质半导体分为N型和P型两大类。

（1）N型半导体。如果把五价元素砷掺入锗晶体中，砷原子中有五个价电子，它和四个锗原子的价电子组成共价键后留下一个剩余电子，这个剩余电子就在晶体中到处游荡，在外电场作用下形成定向电子流。掺入少量的砷杂质就会产生大量的剩余电子，所以称这种半导体为电子型半导体或N型半导体。在这种半导体中有剩余电子，这时电子是多数载流子，而空穴是少数载流子。

（2）P型半导体。在锗晶体中掺入很少一点三价元素铟，由于铟的价电子只有三个，掺入锗晶体后，它的三个价电子分别与相邻的三个锗原子的价电子组成共价键，而对相邻的第四个锗原子，它没有电子拿出来与这个锗原子"共有"，这就留下了一个空穴，掺入了少量的杂质铟，就会出现很多空穴，这是因为即使是少量的，里面含有的原子数目却不少。杂质半导体中空穴和电子数目不相等，在电场作用下，空穴导电是主要的，所以叫做空穴型半导体或P型半导体。换句话说，P型或空穴型半导体内是有剩余空穴的，掺入的杂质提供了剩余空穴。在P型半导体中，空穴是多数，所以称空穴为多数载流子；电子数目少，就称少数载流子。

2.1.3　PN结和二极管

1. PN结的形成

在杂质半导体中，正负电荷数是相等的，它们的作用相互抵消，因此保持电中性。

（1）载流子的浓度差产生的多数载流子的扩散运动。如图2—7（a）所示，在P型半导体和N型半导体结合后，在它们的交界处就出现了电子和空穴的浓度差，N型区内的电子很多而空穴很少，P型区内的空穴很多而电子很少，这样电子和空穴都要从浓度高的地方向浓度低的地方扩散。因此，有些电子要从N型区向P型区扩散，也有一些空穴要从P型区向N型区扩散。

（2）电子和空穴的复合形成了空间电荷区（也称为耗尽层）。电子和空穴带有相反的电荷，它们在扩散过程中要产生复合（中和），结果使 P 区和 N 区中原来的电中性被破坏。P 区失去空穴留下带负电的离子，N 区失去电子留下带正电的离子，这些离子因物质结构的关系，它们不能移动，因此称为空间电荷。它们集中在 P 区和 N 区的交界面附近，形成了一个很薄的空间电荷区，这就是所谓的 PN 结，如图 2—7(b) 所示。

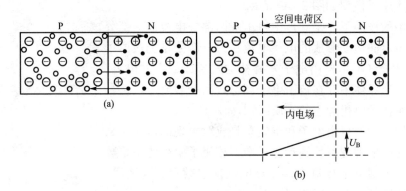

图 2—7　PN 结的形成

（3）空间电荷区产生的内电场 E 又阻止电子的扩散运动。在空间电荷区后，由于正负电荷之间的相互作用，在空间电荷区中形成一个电场，其方向从带正电的 N 区指向带负电的 P 区，由于该电场是由载流子扩散后在半导体内部形成的，故称为内电场。因为内电场的方向与电子的扩散方向相同，与空穴的扩散方向相反，所以它阻止了载流子的扩散运动。

2．PN 结的单向导电性

PN 结在外加电压的作用下，动态平衡将被打破，并显示出其单向导电的特性。

（1）外加正向电压。当 PN 结外加正向电压 U_F 时，外电场与内电场的方向相反，内电场变弱，结果使空间电荷区（PN 结）变窄。同时，空间电荷区中载流子的浓度增加，电阻变小。这时的外加电压称为正向电压或正向偏置电压，用 U_F 表示。在 U_F 的作用下，通过 PN 结的电流称为正向电流 I_F。外加正向电压的电路如图 2—8(a) 所示。当正向电压大于成区电压后，PN 结内电场被克服，二极管导通。

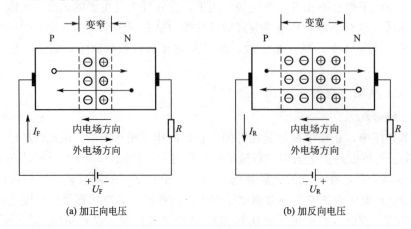

(a) 加正向电压　　　　　　　　(b) 加反向电压

图 2—8　PN 结外加电压

（2）外加反向电压。当 PN 结外加反向电压时，外电场与内电场的方向相同，内电场变强，结果使空间电荷区（PN 结）变宽，同时空间电荷区中载流子的浓度减小，电阻变大。这时的外加电压称为反向电压或反向偏置电压，用 U_R 表示。在 U_R 的作用下，通过 PN 结的电流称为反向电流 I_R 或称为反向饱和电流 I_S，如图 2—8(b) 所示。由于反向电流很小，二极管处于截止状态。

3. PN 结的反向击穿

当 PN 结和电池反向连接时，外加电压起着增强空间电荷区对载流子形成的 PN 结势垒的作用，使扩散更无法进行。这时只有 P 型区的少数载流子——电子和 N 型区的少数载流子——空穴，受外加电压的作用形成微弱的反向电流。而少数载流子的数目不多，所以在反向电压只有零点几伏时，反向电流就达到饱和了。

PN 结还有一个十分重要的特性，即反向击穿。当所加反向电压大到一定数值时，PN 结电阻会突然变得很小，反向电流会骤然增大，而且是无限地增大，这种现象叫做 PN 结的反向击穿。开始击穿时的电压数值叫做反向击穿电压。它直接限制了 PN 结用做整流和检波时的工作电压。

4. 二极管的结构

半导体二极管按其结构的不同可分为点接触型和面接触型两类。

（1）点接触型。点接触型二极管是由一根很细的金属触丝（如三价元素铝）和一块半导体（如锗）的表面接触，然后在正方向通过很大的瞬时电流，使触丝和半导体牢固地熔接在一起，三价金属与锗结合构成 PN 结，并做出相应的电极引线，外加管壳密封而成，如图 2—9(a) 所示。

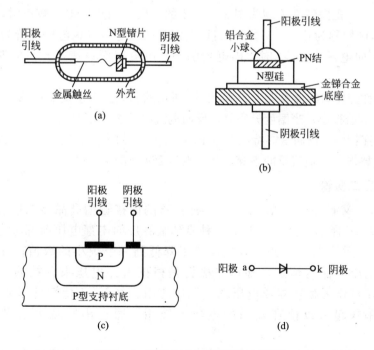

图 2—9 半导体二极管的结构及符号

（2）面接触型。面接触型二极管的 PN 结是用合金法或扩散法做成的，其结构如图 2—9(b)

所示。由于这种二极管的 PN 结面积大，可承受较大的电流，但极间电容也大，所以这类器件适用于整流，而不宜用于高频电路中。

图 2—9(c) 所示为硅工艺平面型二极管结构，是集成电路中常见的一种形式。二极管的代表符号在图 2—9(d) 中示出。

常见二极管的外形如图 2—10 所示。

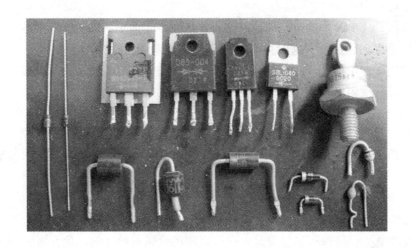

图 2—10 常见二极管的外形

5. 二极管的 $V-I$ 特性

半导体的 $V-I$ 特性如图 2—11 所示。下面对 $V-I$ 特性分三部分加以说明。

(1) 正向特性。正向特性表现为图 2—11 中的①段。当正向电压较小时，正向电流几乎为零，此工作区域称为死区。V_{th} 称为门坎电压或死区电压（该电压硅管为 0.5V，锗管为 0.2V）。当正向电压大于 V_{th} 时，内电场削弱，电流因而迅速增长，呈现很小的正向电阻。

(2) 反向特性。反向特性表现为如图 2—11 所示的②段。由于是少数载流子形成反向饱和电流，所以其数值很小，当温度升高时，反向电流将随之急剧增加。

(3) 反向击穿特性。反向击穿特性对应于图 2—11 中的③段。当反向电压增加到一定大小时，反向电流剧增，二极管反向击穿，其原因与 PN 结击穿相同。

2.1.4 稳压二极管

稳压二极管（又叫齐纳二极管），是一种特殊的面接触型硅晶体二极管，它的电路符号如图 2—12(a) 所示。此二极管是一种直到临界反向击穿电压前都具有很高电阻的半导体器件。在这个临界击穿点上，反向电阻降低到一个很小的数值；在这个低阻区中电流增加而电压则保持恒定。稳压二极管是根据击穿电压来分挡的，因为这种特性，稳压管主要被作为稳压器或电压基准元件使用。其 $V-I$ 特性见图 2—12(b)，稳压二极管可以串联起来以便在较高的电压上使用，通过串联就可获得更多的稳定电压。

稳压二极管的特性曲线与普通二极管基本相似，只是稳压二极管的反向特性曲线比较陡。稳压二极管的正常工作范围，是在 $V-I$ 特性曲线上的反向电流开始突然上升段。这一段的电流，对于常用的小功率稳压管来讲，一般为几毫安至几十毫安。

1. 稳压二极管的稳定电压 V_z

稳定电压就是稳压二极管在正常工作时管子两端的电压值。这个数值随工作电流和温度的不同略有改变。即使是同一型号的稳压二极管，稳定电压值也有一定的分散性。例如，2CW14硅稳压二极管的稳定电压为6～7.5V。

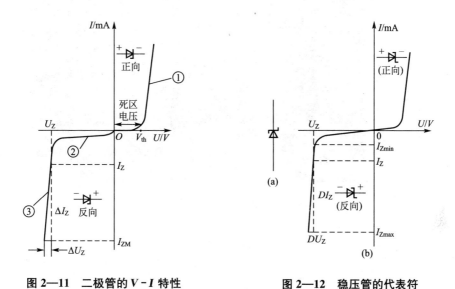

图 2—11　二极管的 V-I 特性　　　　图 2—12　稳压管的代表符号与 V-I 特性

2. 稳定电流、最小稳定电流和最大稳定电流

稳定电流 I_Z：工作电压等于稳定电压时的反向电流。

最小稳定电流 I_{Zmin}：稳压二极管工作于稳定电压时所需的最小反向电流。

最大稳定电流 I_{Zmax}：稳压二极管允许通过的最大反向电流。

2.1.5　发光二极管（LED）

在某些半导体材料的PN结中，注入的少数载流子与多数载流子复合时会把多余的能量以光的形式释放出来，从而把电能直接转换为光能。PN结加反向电压，少数载流子难以注入，故不发光。这种利用注入式电致发光原理制作的二极管叫做发光二极管（Light Emitting Diode，简称LED）。发光二极管在电路及仪器中作为状态指示灯，或者组成文字或数字显示。

发光二极管是半导体二极管的一种，可以把电能转化成光能。发光二极管与普通二极管一样是由一个PN结组成，也具有单向导电性。当给发光二极管加上正向电压后，电流从LED阳极流向阴极时，从P区注入到N区的空穴和由N区注入到P区的电子，在PN结附近数微米内分别与N区的电子和P区的空穴复合，产生自发辐射的荧光。不同的半导体材料中电子和空穴所处的能量状态不同，当电子和空穴复合时释放出的能量越多，则发出光的波长越短。

发光二极管通常由镓（Ga）与砷（AS）、磷（P）的化合物制成，当它处于正向工作状态时（即两端加上正向电压），半导体晶体就发出从紫外到红外不同颜色的光线，光的强弱与电流有关。磷砷化镓二极管发红光，磷化镓二极管发绿光，碳化硅二极管发黄光。发光二极管的符号和实物图如图2—13所示。

27

图 2—13　发光二极管的符号和实物图

2.2　三极管

2.2.1　三极管的结构与符号

三极管的内部结构如图 2—14 所示。

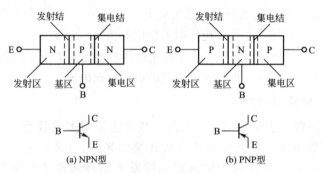

图 2—14　三极管结构

如图 2—14（a）所示，在半导体二极管 P 型半导体的旁边，再加上一块 N 型半导体，这种结构的器件内部有两个 PN 结，且 N 型半导体和 P 型半导体交错排列形成三个区，分别称为发射区、基区和集电区。从三个区引出的引脚分别称为发射极、基极和集电极，用符号 E、B、C 来表示。处在发射区和基区交界处的 PN 结称为发射结，处在基区和集电区交界处的 PN 结称为集电结，具有这种结构特性的器件称为三极管。

图 2—14（a）所示三极管的三个区分别由 NPN 型半导体材料组成，所以这种结构的三极管称为 NPN 型三极管。图 2—14（a）中 NPN 型三极管的符号中箭头的指向表示发射结处在正向偏置时电流的流向。

根据同样的原理，也可以组成 PNP 型三极管，图 2—14（b）为 PNP 型三极管的内部结构和符号。

两种类型三极管符号的差别仅在发射结箭头的方向上，箭头的指向可理解为发射结处在正向偏置时电流的流向，有利于记忆 NPN 和 PNP 型三极管的符号，同时还可根据箭头的方向来判别三极管的类型。

例如，"⟍⟋"符号的箭头是由基极指向发射极的，说明当发射结处在正向偏置时，电流由基极流向发射极。根据前面所介绍的内容已知，当 PN 结处在正向偏置时，电流由 P 型半导体流向 N 型半导体。由此可得，该三极管的基区是 P 型半导体，其他的两个区都是 N 型半导体，所以该三极管为 NPN 型三极管。

根据三极管工作频率的不同，还可将三极管分为低频管和高频管；根据三极管消耗功率的不同，可将三极管分为小功率管、中功率管和大功率管等。常见三极管的外形如图 2—15 所示。

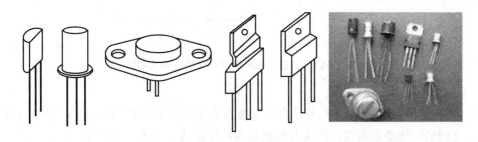

图 2—15　常见三极管的外形

2.2.2　三极管的放大作用

图 2—15 所示为共射接法的三极管放大电路。待放大的输入信号 u_i 接在基极回路，负载电阻 R_C 接在集电极回路，R_C 两端的电压变化量 u_o 就是输出电压。由于发射结电压增加了 u_i（由 u_{BE} 变成 $u_{BE}+u_i$）引起基极电流增加了 Δi_B，集电极电流随之增加了 Δi_C，$\Delta i_C = \beta \Delta i_B$，它在 R_C 形成输出电压 $u_o = \Delta i_C R_C = \beta \Delta i_B R_C$。

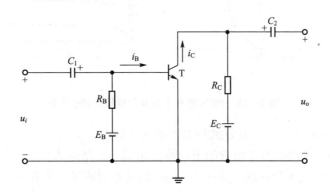

图 2—16　三极管放大电路

只要 R_C 取值较大，便有 $u_o \gg u_i$，从而实现了放大。

2.2.3　三极管的特性曲线

三极管外部各极电压和电流的关系曲线，称为三极管的特性曲线，又称伏安特性曲线。它不仅能反映三极管的质量与特性，还能用来定量地估算出三极管的某些参数，是分析和设计三极管电路的重要依据。

对于三极管的不同连接方式，有着不同的特性曲线，应用最广泛的是共发射极电路，其基本测试电路如图 2—17 所示。共发射极特性曲线可以用描点法绘出，也可以由晶体管特性图示仪直接显示出来。

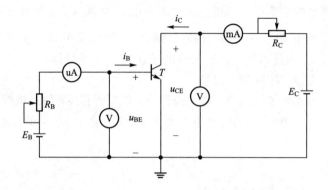

图 2—17 三极管共发射极特性曲线测试电路

1. 输入特性曲线

在三极管共射极连接的情况下，当集电极与发射极之间的电压 u_{BE} 维持不同的定值时，u_{BE} 和 i_B 之间的一簇关系曲线，称为共射极输入特性曲线，如图 2—18(a) 所示。

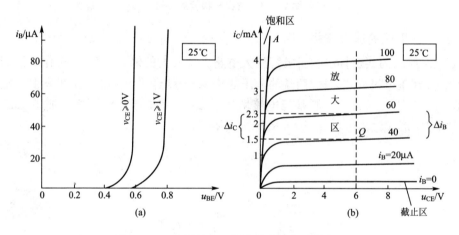

图 2—18 NPN 型 BJT 的共射极接法特性曲线

由图 2—18(a) 可以看出，这簇曲线有下面几个特点。

(1) $u_{BE}=0$ 的一条曲线与二极管的正向特性相似。这是因为 $u_{CE}=0$ 时，集电极与发射极短路，相当于两个二极管并联，这样 i_B 与 u_{CE} 的关系就成了两个并联二极管的伏安特性。

(2) u_{CE} 由零开始逐渐增大时，输入特性曲线右移，而且当 u_{CE} 的数值增至较大（如 $u_{CE} > 1V$）时，各曲线几乎重合。这是因为 u_{CE} 由零逐渐增大时，集电结宽度逐渐增大，基区宽度相应地减小，使存储于基区的注入载流子的数量减小，复合减小，因而 i_B 减小。如保持 i_B 为定值，就必须加大 u_{BE}，故使曲线右移。当 u_{CE} 较大（如 $u_{CE} > 1V$）时，集电结所加反向电压，已足以把注入基区的非平衡载流子绝大部分都拉向集电极去，以致 u_{CE} 再增加，i_B 也不再明显地减小，这样就形成了各曲线几乎重合的现象。

(3) 与二极管一样，三极管也有一个门限电压 V_{th}，通常硅管为 0.5~0.6V，锗管为 0.1~0.2V。

2. 输出特性曲线

输出特性曲线如图 2—18(b) 所示。由图可以看出，输出特性曲线可分为三个区域。

(1) 截止区。截止区指 $i_B = 0$ 的那条特性曲线以下的区域。在此区域内，三极管的发射结和集电结都处于反向偏置状态，三极管失去了放大作用，集电极只有微小的穿透电流 i_{CEO}。

(2) 饱和区。饱和区指 OA 线和纵坐标轴之间的区域。在此区域内，对应不同 i_B 值的输出特性曲线簇几乎重合在一起。也就是说，u_{CE} 较小时，i_C 虽然增加，但 i_C 增加不大，即 i_B 失去了对 i_C 的控制能力。这种情况称为三极管的饱和。饱和时，三极管的发射结和集电结都处于正向偏置状态。三极管集电极与发射极间的电压称为集-射饱和压降，用 u_{CES} 表示。u_{CES} 很小，通常中小功率硅管的 $u_{CES} < 0.5$V，硅管的 u_{CES} 为 0.8V 左右。

(3) 临界饱和线（线 OA）。在此线上的每一点应有 $|u_{CE}| = |u_{BE}|$。它是各特性曲线急剧拐弯点的连线。在临界饱和状态下的三极管，集电极电流称为临界集电极电流，以 i_{CS} 表示；基极电流称为临界基极电流，以 i_{BS} 表示。这时 i_{CS} 与 i_{BS} 的关系仍然成立。

(4) 放大区。在截止区以上，介于饱和区与击穿区之间的区域为放大区。在此区域内，特性曲线近似于一簇平行等距的水平线，i_C 的变化量与 i_B 的变化量基本保持线性关系，即 $\Delta i_C = \beta \Delta i_B$，且 $\Delta i_C \gg \Delta i_B$。也就是说，在此区域内，三极管具有电流放大作用。此外，集电极电压对集电极电流的控制作用也很弱，当 $u_{CE} > 1$V 后，即使再增加 u_{CE}，i_C 也几乎不再增加，此时若 i_B 不变，则三极管可以被看成一个恒流源。

在放大区，三极管的发射结处于正向偏置，集电结处于反向偏置状态。

2.3 场效应管

2.3.1 N 沟道增强型 MOS 管

在一块掺杂浓度较低的 P 型硅衬底上，用光刻、扩散工艺制作两个高掺杂浓度的 N 型半导体区，并用金属铝引出两个电极，分别作漏极 d 和源极 s。然后在半导体表面覆盖一层很薄的二氧化硅（SiO₂）绝缘层，在漏-源极间的绝缘层上再装上一个铝电极，作为栅极 g。另外在衬底上也引出一个电极 B，这就构成了一个 N 沟道增强型场效应（MOS）管。显然，它的栅极与其他电极间是绝缘的。

图 2—19(a) 为 N 沟道增强型 MOS 管结构示意图。图 2—19(b) 为 N 沟道 MOS 管符号，符号中的箭头方向表示由 P（衬底）指向 N（沟道）。P 沟道增强型 MOS 管符号的箭头方向与上述相反，如图 2—19(c) 所示。图 2—19(d) 为增强型 MOS 管的实物图。

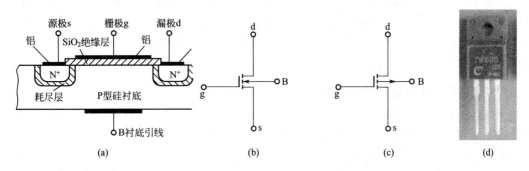

(a) (b) (c) (d)

图 2—19 增强型 MOS 管及其符号

2.3.2　N沟道耗尽型MOS管

N沟道耗尽型MOS管的结构如图2—20(a)所示。从结构上看，N沟道耗尽型MOS管与N沟道增强型MOS管基本相似，其区别仅在于栅-源极间电压$v_{GS}=0$时，耗尽型MOS管中的漏-源极间已有导电沟道产生，而增强型MOS管要在$v_{GS} \geqslant V_T$时才出现导电沟道。原因是制造N沟道耗尽型MOS管时，在SiO_2绝缘层中掺入了大量的碱金属正离子Na^+或K^+（制造P沟道耗尽型MOS管时掺入负离子）。因此即使$v_{GS}=0$时，在这些正离子产生的电场作用下，漏-源极间的P型衬底表面也能感应生成N沟道（称为初始沟道），只要加上正向电压v_{DS}，就有电流i_D。如果加上正的v_{GS}，栅极与N沟道间的电场将在沟道中吸引来更多的电子，沟道加宽，沟道电阻变小，i_D增大；反之，v_{GS}为负时，沟道中感应的电子减少，沟道变窄，沟道电阻变大，i_D减小。当v_{GS}负向增加到某一数值时，导电沟道消失，i_D趋于零，管子截止，故称为耗尽型。沟道消失时的栅-源电压称为夹断电压，仍用V_P表示。与N沟道结型MOS管相同，N沟道耗尽型MOS管的夹断电压V_P也为负值，但前者只能在$v_{GS}<0$的情况下工作。而后者在$v_{GS}=0$，$v_{GS}>0$，$V_P<v_{GS}<0$的情况下均能实现对i_D的控制，而且仍能保持栅-源极间有很大的绝缘电阻，使栅极电流为零。这是耗尽型MOS管的一个重要特点。

图2—20(b)为N沟道耗尽型MOS管符号。图2—20(c)为P沟道耗尽型MOS管符号。

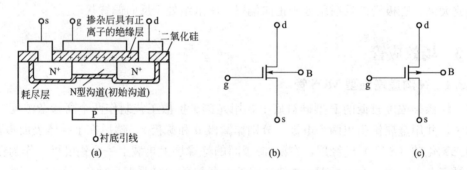

图2—20　N沟道耗尽型MOS管及其符号

2.4　二极管和三极管的开关特性

2.4.1　二极管的开关特性

在数字电路中，利用二极管的单向导电性，实现一个受外加电压极性控制的开关，从而获得高、低电平。在图2—21所示的二极管开关电路中，假定$V_{IH}=V_{CC}$，$V_{IL}=0$，二极管D的正向电阻为0，反向电阻为∞，为便于分析，二极管的导通电压（硅管0.7V，锗管0.3V）忽略不计。则当$V_I=V_{IH}$时，D截止，$V_O=V_{OH}=V_{CC}$；$V_I=V_{LH}$时，D导通，$V_O=V_{OL}=0$。

2.4.2　双极性三极管的开关特性

三极管工作于截止区时，内阻很大，相当于开关断开状态；工作于饱和区时，内阻很低，相当于开关接通状态。三极管开关电路如图2—22(a)所示。输入控制信号u_A为矩形电压脉冲，电源电压为V_{CC}，输出信号为u_F，三极管开关电路的输入输出波形如图2—22(b)所示。

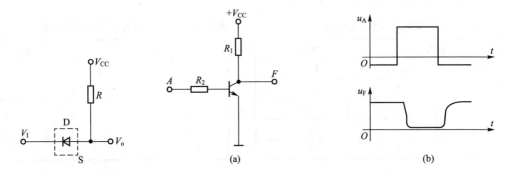

图 2—21　二极管开关电路　　　图 2—22　三极管开关电路及其输入输出波形

2.4.3　MOS 管的开关特性

当 MOS 管截止时，漏极和源级之间的内阻 R_{OFF} 非常大，在截止状态下的等效电路可用断开的开关代替。MOS 管在导通状态下的内阻 R_{ON} 在 1kW 以内，而且与 V_{GS} 的数值有关。当 $V_I = V_{IL}$ 时，$V_{GS} = V_{IL} < V_T$，MOS 管处于截止状态，$i_D = 0$，输出 $V_O = V_{OH} = V_{DD}$，相当于开关断开状态。当 $V_I = V_{IH}$ 时，$V_{GS} = V_{IH} > V_I$，MOS 管处于导通状态，合理选择 V_{DD} 和 R_D，使 i_D 足够大，输出 $V_O = V_{OL} = V_{DD} - i_D R_D$。为得到足够低的 V_{OL}，要求 R_D 很大，在实际电路中，常用另一个 MOS 管来作负载，相当于开关接通状态。MOS 管的开关电路如图 2—23 所示。

2.5　逻辑门电路

用以实现各种基本逻辑关系的单元电路称为门电路，它是数字电路的基本单元。常用的逻辑门电路有与门、或门、非门、与非门、或非门和异或门等。

2.5.1　基本逻辑门电路

1. 二极管与门电路

图 2—24 所示的是有两个输入端的与门电路，A、B 为两个输入变量，F 为输出变量。设 A、B 输入端的高、低电平分别为 $V_{IH} = 3V$、$V_{IL} = 0V$，二极管的正向导通压降 $V_{DF} = 0.7V$。由图可知，A、B 中只要有一个是低电平 0V，则必有一个二极管导通，使 F 为 0.7V。只有 A、B 中全是高电平 3V 时，F 才为 3.7V。

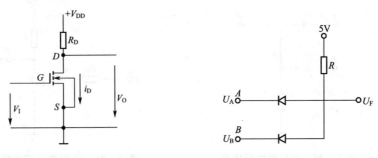

图 2—23　MOS 管的开关电路　　　图 2—24　二极管与门电路

将输入与输出的逻辑电平关系列表，见表 2—1。如果规定 3V 以上为高电平，用逻辑 1 表示；0.7V 以下为低电平，用逻辑 0 表示，则可以将表 2—1 转换为表 2—2 的真值表。显然，F 和 A、B 是逻辑与关系：$F=AB$。

<table>
<tr><td colspan="3">表 2—1　　二极管与门电路逻辑电平</td></tr>
<tr><td colspan="2">输入</td><td>输入</td></tr>
<tr><td>U_A/V</td><td>U_B/V</td><td>V_F/V</td></tr>
<tr><td>0</td><td>0</td><td>0.7</td></tr>
<tr><td>0</td><td>3</td><td>0.7</td></tr>
<tr><td>3</td><td>0</td><td>0.7</td></tr>
<tr><td>3</td><td>3</td><td>3.7</td></tr>
</table>

表 2—2　　二极管与门电路真值表		
输入		输出
A	B	F
0	0	0
0	1	0
1	0	0
1	1	1

2. 二极管或门电路

图 2—25 所示的是有两个输入端的或门电路，A、B 为两个输入变量，F 为输出变量。设 A、B 输入端的高、低电平分别为 $V_{IH}=5V$，$V_{IL}=0V$，二极管的正向导通压降 $V_{DF}=0.7V$。由图可知，A、B 中只要有一个是高电平 5V，则必有一个二极管导通，使 F 为 4.3V。只有当 A、B 全是低电平 0V 时，F 才为 0V。

将输入与输出的逻辑电平关系列表，如表 2—3 所示。如果规定 2.3V 以上为高电平，用逻辑 1 表示；0.7V 以下为低电平，用逻辑 0 表示，则可以将表 2—3 转换为表 2—4。显然，F 和 A、B 是逻辑或关系：$F=A+B$。

<table>
<tr><td colspan="3">表 2—3　　二极管或门电路逻辑电平</td></tr>
<tr><td colspan="2">输入</td><td>输入</td></tr>
<tr><td>U_A/V</td><td>U_B/V</td><td>U_F/V</td></tr>
<tr><td>0</td><td>0</td><td>0</td></tr>
<tr><td>0</td><td>5</td><td>4.3</td></tr>
<tr><td>5</td><td>0</td><td>4.3</td></tr>
<tr><td>5</td><td>5</td><td>4.3</td></tr>
</table>

表 2—4　　二极管或门电路真值表		
输入		输出
A	B	F
0	0	0
0	1	1
1	0	1
1	1	1

3. 三极管非门电路

图 2—26 所示的是一个三极管非门电路，$U_{CC}=5V$、$R_B=4k\Omega$、$R_C=1k\Omega$、$\beta=30$。工作原理如下：

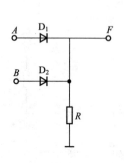

图 2—25　二极管或门电路

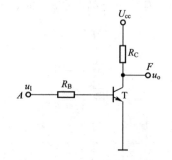

图 2—26　三极管非门电路

（1）输入为低电平，$u_I=U_{IL}=0.3V$ 时，三极管截止，$u_o=U_{CC}-i_C R_C\approx U_{CC}=5V$，输出 u_o 为高电平。

（2）当输入为高电平 $u_1 = U_{IH} = 5V$ 时，$i_B = \dfrac{U_{IH} - u_{BE}}{R_B} = \dfrac{5 - 0.7}{4}\text{mA} \approx 1.075\text{mA}$，三极管临界饱和基极电流 $I_{BS} \approx \dfrac{U_{CC}}{\beta R_C} = \dfrac{5}{30 \times 1}\text{mA} \approx 0.17\text{mA}$，$i_B > I_{BS}$ 说明三极管饱和，$u_0 \leqslant U_{CES} = 0.3V$，输出 u_0 为低电平。

输出与输入的电平之间是反相关系。将输入与输出的逻辑电平关系列表，如表 2—5 所示。高低电平是一个电压范围而不是一个值，如果规定 2.3V 以上为高电平，用逻辑 1 表示；0.7V 以下为低电平，用逻辑 0 表示，则可以将表 2—5 转换为表 2—6。显然，F 和 A 是逻辑非关系 $F = \overline{A}$。

表 2—5　三极管非门电路逻辑电平

输入	输出
U_A/V	U_F/V
0.3	5
5	0.3

表 2—6　三极管非门电路真值表

输入	输出
A	F
0	1
1	0

2.5.2　常用的逻辑电平

现在常用的电平标准有 TTL、CMOS、LVTTL、ECL、PECL、GTL、RS232、RS422、LVDS 等。其中 TTL 和 CMOS 的逻辑电平按典型电压可分为四类：5V 系列、3.3V 系列、2.5V 系列和 1.8V 系列。5V TTL 和 5V CMOS 逻辑电平是通用的逻辑电平。

（1）5V CMOS、HC、AHC、AC 中，$V_{OH} \geqslant 4.45V$；$V_{OL} \leqslant 0.5V$；$V_{IH} \geqslant 3.5V$；$V_{IL} \leqslant 1.5V$。

（2）5V TTL、ABT、AHCT、HCT、ACT 中，$V_{OH} \geqslant 2.4V$；$V_{OL} \leqslant 0.5V$；$V_{IH} \geqslant 2V$；$V_{IL} \leqslant 0.8V$。

（3）3.3V LVTTL、LVT、LVC、ALVC、LV、ALVT 中，$V_{OH} \geqslant 2.4V$；$V_{OL} \leqslant 0.4V$；$V_{IH} \geqslant 2V$；$V_{IL} \leqslant 0.8V$。

（4）2.5V CMOS、ALVC、LV、ALVT 中，$V_{OH} \geqslant 2.0V$；$V_{OL} \leqslant 0.2V$；$V_{IH} \geqslant 1.7V$；$V_{IL} \leqslant 0.7V$。

其他电平标准在使用时可查看芯片手册。

2.5.3　TTL 门电路

TTL 门电路是一种单片集成电路。由于这种集成电路的输入端和输出端电路结构形式都采用了三极管，所以一般称为晶体管-晶体管逻辑电路（Transistor-Transistor Logic），简称 TTL 电路。

1. TTL 反相器的电路结构和工作原理

（1）电路结构。如图 2—27 所示，TTL 反相器电路由三部分组成：由 T_1、R_1、D_1 构成的输入级；由 T_2、R_2、R_3 组成的倒相级；由 T_4、T_5、D_2、R_4 组成的输出级。

（2）工作原理。设电源电压 $V_{CC} = +5V$，A 端输入信号的高、低电平分别为：$V_{IH} = 3.6V$，$V_{IL} = 0.2V$，PN 结的开启电压为 $V_{ON} = 0.7V$。

① A 为低电平时，T_1 的发射结导通，并将 T_1 的集电极电位钳在 $V_{IL} + V_{ON} = 0.9V$，由于 T_1 的集电极回路电阻为 R_2 和 T_2 的 B-C 结反向电阻之和，阻值非常大，所以 T_1 工作在深度饱和区，$V_{CES1} \approx 0$。显然，T_2 的发射结不导通，T_2 截止，V_{C2} 为高电平，V_{E2} 为低电平，

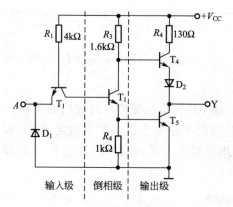

图 2—27 TTL 反相器的典型电路

使 T_5 截止，故 R_2 上的压降很小，$V_{C2} \approx V_{CC}$，T_4 管导通。因此，输出为高电平 $V_{OH} = 3.6V$。

② 当输入信号为高电平 $V_{IH} = 3.6V$，假设暂不考虑 T_1 管的集电极支路，则 T_1 管的发射结均应导通，可使 $V_{B1} = V_{IH} + 0.7 = 4.3V$。但是，由于 V_{CC} 经 R_1 作用于 T_1 管的集电极、T_2 和 T_5 管的发射结，使三个 PN 结必定导通，$T_{B1} = V_{BC1} + V_{BE2} + V_{BE5} = 2.1V$，使 T_1 管的发射结反偏，T_1 管处于倒置工作状态，T_1、T_2 和 T_5 管饱和导通，$V_O = V_{OL} = V_{CES5} = 0.3V$，$V_{C2} = V_{CES2} + V_{BE5} = 0.3V + 0.7V = 1V$，$T_4$ 管截止。

综上所述，TTL 非门输入端输入低电平，输出即为高电平；输入端输入高电平，输出为低电平，实现了非逻辑功能，$Y = \overline{A}$。

2. 电压传输特性

(1) TTL 反相器的电压传输特性。如图 2—28 所示，TTL 反相器的电压传输特性是指门电路输入电压 V_I 与输出电压 V_O 之间的关系曲线，即 $V_O = f(V_I)$。

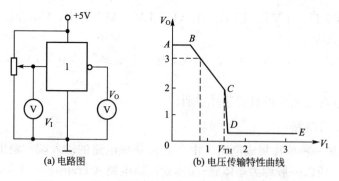

(a) 电路图   (b) 电压传输特性曲线

图 2—28 TTL 反相器的电路图及电压传输特性曲线

AB 段：当 $V_I < 0.6V$ 时，$V_{B1} < 1.3V$，T_2 和 T_5 管截止，T_4 导通，输出为高电平 $V_{OH} = V_{CC} - V_{R2} - V_{D2} - V_{BE4} \approx 3.4V$，故 *AB* 段称为截止区。

BC 段：当 $0.7 < V_I < 1.3V$ 时，T_2 管的发射极电阻 R_3 直接接地，故 T_2 管开始导通并处于放大状态，所以 V_{C2} 和 V_O 随 V_I 的增高而线性地降低。但 T_5 管仍截止。故 *BC* 段称为线性区。

CD 段：当 $1.3V < V_I < 1.4V$ 时，$V_{B1} = 2.1V$，使 T_2 和 T_5 管均趋于饱和导通，T_4 管截止，所以 V_O 急剧下降为低电平，$V_O = V_{OL} = 0.3V$，故称 *CD* 段为转折区。转择区中心点对应的输入电压叫做阈值电压或门槛电压 V_{TH}，其值是决定电路截止和导通的分界线，也是决

定输出高、低电压的分界线。一般 V_{TH} 的值为 1.3～1.4V。

若 $V_I < V_{TH}$，非门关门，输出高电平；若 $V_I > V_{TH}$，非门开门，输出低电平。

DE 段：V_I 大于 1.4V 以后，V_{B1} 被箝位在 2.1V，T_2 和 T_5 管均饱和，输出为低电平 $V_{OL} = V_{CES5} = 0.3V$，故 DE 段称为饱和区。

（2）关门电压 V_{OFF}。关门电压 V_{OFF} 是指输出电压下降到输出高电压的最小值 V_{OHmin} 时对应的输入电压，即输入低电压的最大值。在产品手册中常称为输入低电平电压，用 V_{ILmax} 表示。

（3）开门电压 V_{ON}。开门电压 V_{ON} 是指输出电压下降到输出低电压的最大值 V_{OLmax} 时对应的输入电压，即输入高电压的最小值。在产品手册中常称为输入高电平电压，用 V_{IHmin} 表示。

3. 输入端噪声容限

TTL 门电路的输出高低电平不是一个值，而是一个范围。同样，它的输入高低电平也有一个范围，即它的输入信号允许一定的容差，称为噪声容限。

图 2—29 所示的是噪声容限定义的示意图，低电平噪声容限 V_{NL} 是指在保证输出高电平的前提下，允许叠加在关门电平 V_{OFF} 上的最大正向干扰电压，即 $V_{NL} = V_{OFF} - V_{OL}$。

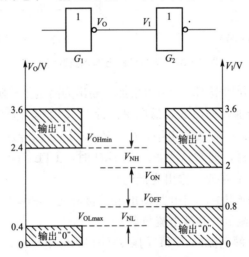

图 2—29　输入端噪声容限示意图

高电平噪声容限 V_{NH} 是指在保证输出低电平的前提下，允许叠加在开门电平上的最大负向干扰电压，即 $V_{NH} = V_{OH} - V_{ON}$。

4. TTL 反相器的静态输入特性和输出特性

为了正确地处理门电路与门电路、门电路与其他电路之间的连接，必须了解门电路输入端和输出端的伏安特性，也就是通常所说的输入特性和输出特性。

（1）输入特性。输入特性分为输入电压-电流特性和输入负载特性。

输入电压-电流特性是指 u_I 与 i_I 之间的关系曲线。测量电路及实测曲线如图 2—30 所示，图示曲线反映了两个重要参数：I_{IS} 是输入低电平时流入输入端的电流，称为输入短路电流，其值较大；I_{IH} 是输入高电平时流入输入端的电流，称为输入短路电流，其值较小。

输入负载特性是指 u_I 随输入端外电阻 R_i 变化的曲线。测量电路及实测曲线如图 2—31 所示。

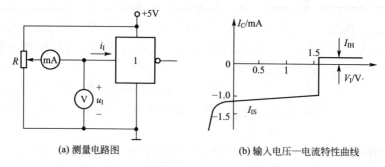

(a) 测量电路图　　　　　　　(b) 输入电压—电流特性曲线

图 2—30　测量电路与输入电压-电流特性

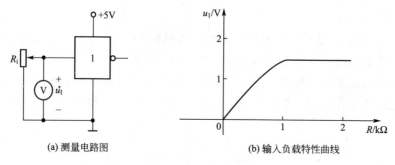

(a) 测量电路图　　　　　　　(b) 输入负载特性曲线

图 2—31　测量电路与输入负载特性

由曲线可见，R_i 从 0 开始增加时，u_1 也增加，输出为高电平；随着 R_i 增加使 u_I 增加到门槛电压 V_{TH} 时，TTL 门导通，输出变为低电平。此时 R_i 值称为开门电阻 R_{ON}。因此，通常认为 $R_i<R_{ON}$，TTL 门关闭，输出高电平；$R_i>R_{ON}$，TTL 门导通，输出低电平。在实际应用中，为了使输出状态可靠，通常认为 $R_i<0.7k\Omega$ 时，TTL 门可靠关闭，输出为高电平；$R_i>2.5k\Omega$ 时，TTL 门可靠导通，输出为低电平。

（2）输出特性。实际应用中，门电路输出端总接有几个相同的负载门，TTL 门电路接负载后有两种情况：拉电流负载和灌电流负载。

① 低电平输出特性（灌电流）。TTL 门电路输出为低电平时，负载电流灌入 TTL 门电路输出端，称为灌电流。如图 2—32 所示，灌电流在一定范围内基本为线性关系，即灌电流增加，输出电平增大。为了保证输出为低电平，最大允许灌电流 I_{OLmax} 是一定的。允许带相同负载最大个数 $N=I_{OLmax}/I_{IS}$（I_{IS} 为所带负载门电流）。

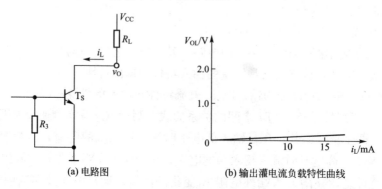

(a) 电路图　　　　　　　(b) 输出灌电流负载特性曲线

图 2—32　输出灌电流负载特性

② 高电平输出特性（拉电流）。TTL门电路输出为高电平时，负载电流流出 TTL 门电路输出端，称为拉电流。如图 2—33 所示，拉电流增加，输出电平增大。为了保证输出为高电平，最大允许拉电流为 I_{OHmax} 允许带相同负载最大个数 $N = I_{OHmax} / I_{IH}$（I_{IH} 为所带负载门输入电流）。

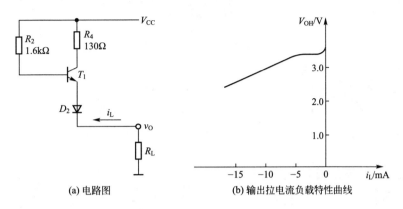

(a) 电路图   (b) 输出拉电流负载特性曲线

图 2—33　输出高电平拉电流负载特性

因为 $I_{IS} \gg I_{IH}$，所以在计算门电路带负载能力时按最差情况考虑，即一个门能驱动同类型门的个数 $N_O = I_{OLmax)} / I_{IS}$，$N_O$ 称为门电路的扇出系数。

【例 1】　如图 2—34 所示，已知门电路 G_P 参数为：$I_{OH} / I_{OS} = 1.0\text{mA} / -20\text{mA}$，$I_{IH} / I_{IL} = 50\mu\text{A} / -1.43\text{mA}$。试求门 G_P 的扇出系数 N。

解：对门 G_P 输出的高、低电平情况分别进行讨论：

门 G_P 输出为低电平时，设可带门数为 N_L：

$$N_L \leqslant \frac{I_{OL}}{I_{IL}} = \frac{20}{1.43} = 14$$

门 G_P 输出为高电平时，设可带门数为 N_H：

$$N_H \leqslant \frac{I_{NH}}{I_{IH}} = \frac{1.0}{0.05} = 20$$

一般取 N_{OH} 和 N_{OL} 的最小值作为扇出系数，门 G_P 的扇出系数 $N = 14$。

5. TTL 反相器的动态特性

在 TTL 门电路中，由于晶体管的开关特性和晶体管的结电容和输入、输出端的寄生电容使输出波形发生了畸变和延迟。图 2—35 是反映 TTL 门电路传输延迟时间的波形图。

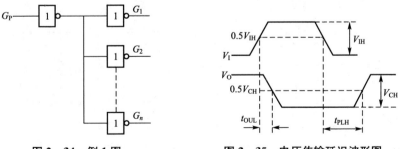

图 2—34　例 1 图　　**图 2—35　电压传输延迟波形图**

传输时间的计算一般是由输入波形上升沿的 50% 幅值处到输出波形下降沿 50% 幅值处所需要的时间，称为导通延迟时间 t_{PHL}；从输入波形下降沿 50% 幅值处到输出波形上升沿 50% 幅值处所需要的时间，称为截止延迟时间 t_{PLH}。通常 $t_{PLH} > t_{PHL}$，两者的平均值称为平

均传输延迟时间 t_{PD}，即 $t_{PD} = \dfrac{t_{PLH} + t_{PHL}}{2}$。

t_{PD} 越小，电路的开关速度越高。一般 TTL 与非门的 $t_{PD} = 10 \sim 40ns$。

习　题　2

1. 在本征半导体中掺入三价元素后的半导体称为（　　）。

    A. 本征半导体　　　　B. P 型半导体　　　　C. N 型半导体

2. N 型半导体中少数载流子为（　　）。

    A. 自由电子　　　　B. 空穴　　　　C. 带正电的杂质离子

3. P 型半导体是（　　）。

    A. 带正电　　　　B. 带负电　　　　C. 中性

4. PN 结加正向电压时，其正向电流是由（　　）。

    A. 多数载流子扩散形成的　　　　B. 多数载流子漂移形成的

    C. 少数载流子漂移形成的

5. 稳压二极管是利用 PN 结的（　　）。

    A. 单向导电性　　　B. 反向击穿特性　　　C. 反向特性

6. PN 结反向电压的数值增大（小于击穿电压），其（　　）。

    A. 反向电流增大　　　B. 反向电流减小　　　C. 反向电流不变

7. 三极管工作在放大区的条件是（　　）。

    A. E 极重掺杂　　　　　　　　　　B. 基区极薄

    C. C 结面积大于 E 结面积　　　　D. E、C 结均正向作用

    E. E 结正向作用，C 结反向作用

8. 如图 2—36 所示，二极管为理想元件，电阻 $R = 4k\Omega$，电位 $U_A = 0.7V$，$U_B = 2V$，则电位 U_F 等于（　　）。

    A. 0.7V　　　　B. 3V　　　　C. 2V　　　　D. 0V

9. 如图 2—37 所示，稳压管 D_{Z1} 的稳压值为 4V，D_{Z2} 的稳压值为 15V，则输出电压 U_o 等于（　　）。

    A. 9V　　　　B. 4V　　　　C. 19V　　　　D. 15V

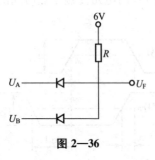

图 2—36

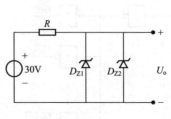

图 2—37

10. 在某电路板上，测量得到 NPN 型三极管的三个极对地的电位分别是 $U_E = 3V$，$U_B = 3.7V$，$U_C = 3.3V$，则该管工作在（　　）。

    A. 放大区　　　　B. 饱和区　　　　C. 截止区　　　　D. 击穿区

11. 测得某三极管的三个电极的电位为 $U_1 = 5V$，$U_2 = 1.2V$，$U_3 = 1V$，试判定该管为

是硅管还是锗管？确定 E、B、C 极。

12. 什么是门槛（限）电压？对于 TTL 门电路来讲，门槛电压是多少？

13. TTL 与非门如有多余输入端，该如何处理？它能否接地？为什么？

14. TTL 电路如图 2—38 所示，写出它们的逻辑表达式。

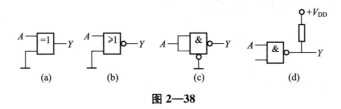

图 2—38

15. 如图 2—39 所示，在 TTL 各电路中，若关门电阻 $R_{OFF}=0.7\text{k}\Omega$，开门电阻 $R_{ON}=2\text{k}\Omega$，能实现逻辑功能 $F=\overline{AB}$ 的电路是哪个？

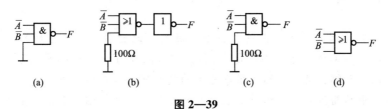

图 2—39

第3章　组合逻辑电路

 课前导读

　　1947 年 12 月 16 日，晶体管在贝尔实验室诞生，此后引发了一系列的变革与发展，改变了人们听音乐、做工作、付账单、自我充电（Educate Themselves）、购物等各种生活方式。运行于笔记本电脑、桌面电脑、服务器中的芯片使个人电脑和互联网已经成为了一种潮流；装在起搏器中的晶体管可以维持心脏病人的心跳；汽车、移动电话甚至更小的设备中有集成芯片在运行，通过可植入的追踪系统设备（LoJack-like Devices）找到走失的宠物。

案例 1：

　　第一块晶体管的诞生使人类步入了飞速发展的电子时代，那个时代的工程师们因为晶体管发明而备受鼓舞，开始尝试设计高速计算机，但是问题还没有完全解决。由晶体管组装的电子设备还是太笨重了，工程师们设计的电路需要几英里长的线路并由上百万个的焊点组成，建造它的难度可想而知。针对这一情况，美国德州仪器公司的杰克·基尔比（Jack Kilb）提出了一个大胆的设想："能不能将电阻、电容、晶体管等电子元器件都安置在一个半导体单片上？"这样整个电路的体积将会大大缩小。1958 年 9 月 12 日，基尔比研制出世界上第一块集成电路，成功地实现了把电子元器件集成在一块半导体材料上的构想。集成电路取代了晶体管，为开发电子产品的各种功能铺平了道路，并且大幅度降低了成本，使微处理器的出现成为可能，开创了电子技术历史的新纪元，让我们现在习以为常的一切电子产品的出现成为可能。2000 年基尔比因为发明集成电路而获得诺贝尔物理学奖。世界上第一块集成电路如图 3—1 所示。

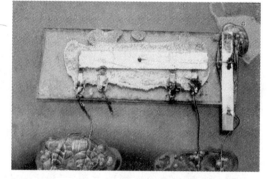

图 3—1　世界上第一块集成电路

案例 2：

　　在 20 世纪 50 年代，许多工程师都想到了这种集成电路的概念。美国仙童公司联合创始人罗伯特·诺伊斯就是其中之一。在基尔比研制出第一块可使用的集成电路后，诺伊斯提出了一种"半导体设备与铅结构"模型，如图 3—2 所示。1960 年，仙童公司制造出第一块可以实际使用的单片集成电路。诺伊斯的方案最终成为集成电路大规模生产中的实用技术。基尔比和诺伊斯都被授予"美国国家科学奖章"。他们被公认为集成电路的共同发明者。1959 年 7 月，诺伊斯研究出一种二氧化硅的扩散技术和 PN 结的隔离技术，并创造性地在氧化膜上制作出铝条连线，使元件和导线合成一体，从而为半导体集成电路的平面制作工艺、工业大批量生产奠定了坚实的基础。与基尔比在锗晶片上研制集成电路不同，诺伊斯把眼光直接盯住了硅。这是地球上含量最丰富的化学元素之一，商业化价值更大，成本更低。自此大量的半导体器件被制造并商用，风险投资开始出现，半导体初创公司涌现，更多功能更强、结构更复杂的集成电路被发明，半导体产业由"发明时代"进入了"商用时代"。

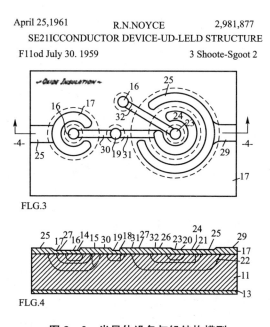

图 3—2 半导体设备与铅结构模型

由集成电路制成的电子仪器从此大为流行，到 20 世纪 60 年代末期，接近九成的电子仪器是以集成电路制成的。时至今日，每一枚计算机芯片中都含有过百万颗晶体管。本章重点介绍了小规模集成电路——数字逻辑电路的基本应用。

技能目标

- 掌握组合逻辑电路的分析方法；
- 掌握组合逻辑电路的设计方法；
- 掌握常见组合逻辑器件的功能分析方法。

知识目标

了解常用的组合逻辑部件的工作原理和电路结构。

根据逻辑功能的不同特点，数字电路可分为组合逻辑电路和时序逻辑电路两大类。组合逻辑电路的特点是：任意时刻的输出状态只取决于该时刻输入信号的状态，而与电路原来的状态无关。

3.1 组合逻辑电路的分析与设计

组合逻辑电路是多输入、多输出电路，它的结构框如图 3—3 所示。图中 X_1，X_2，…，X_n 是电路的输入变量，F_1，F_2，…，F_m 是它的输出函数。各输出函数仅由输入确定，彼此相互独立，两者间的关系可用如下逻辑表达式表示。

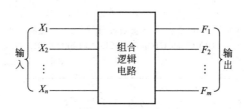

图 3—3　组合逻辑电路框图

$$F_1 = f_1(X_1，X_2，…，X_n)$$

$$F_2 = f_2(X_1，X_2，…，X_n)$$

$$……$$

$$F_m = f_m(X_1，X_2，…，X_n)$$

3.1.1 组合逻辑电路的分析

组合逻辑电路的分析是根据已知的逻辑电路图，找出输入、输出逻辑关系，从而判断电路功能。组合逻辑电路的分析步骤如图 3—4 所示。

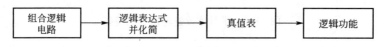

图 3—4　组合逻辑电路的分析步骤

组合逻辑电路的分析步骤如下：
• 由给定的逻辑图得出逻辑函数表达式，并化简。
• 根据最简逻辑表达式列出真值表。
• 根据真值表分析电路的逻辑功能。

【例 1】　分析如图 3—5 所示电路的逻辑功能。

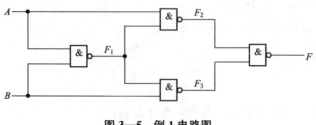

图 3—5　例 1 电路图

解：（1）由逻辑图逐级写出输出函数的逻辑表达式。

$$F_1 = \overline{AB}$$

$$F_2 = \overline{AF_1} = \overline{A\,\overline{AB}} = \overline{A\overline{B}}$$

$$F_3 = \overline{BF_1} = \overline{B\,\overline{AB}} = \overline{\overline{A}B}$$

$$F = \overline{F_2 F_3} = \overline{\overline{A\overline{B}}\,\overline{\overline{A}B}} = A\overline{B} + \overline{A}B$$

（2）由逻辑表达式列出真值表，如表 3—1 所示。

表 3—1 　　　　　　　　　　　　　　　　**例 1 真值表**

A	B	F	A	B	F
0	0	0	1	0	1
0	1	1	1	1	0

（3）分析逻辑功能。当 A、B 两个变量不一致时，输出为"1"，所以这个电路为"异或"逻辑电路，可用来判断两信号是否一致。

【**例 2**】　分析如图 3—6 所示电路的逻辑功能。

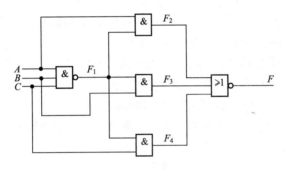

图 3—6　例 2 电路图

解：（1）由逻辑图逐级写出输出函数的逻辑表达式。

$$F_1 = \overline{ABC}$$

$$F_2 = AF_1 = A\overline{ABC}$$

$$F_3 = BF_1 = B\overline{ABC}$$

$$F_4 = CF_1 = C\overline{ABC}$$

$$F = \overline{F_2 + F_3 + F_4} = \overline{\overline{ABC}\,(A+B+C)} = ABC + \overline{ABC}$$

（2）由逻辑表达式列出真值表，如表 3—2 所示。

表 3—2 　　　　　　　　　　　　　　　　**例 2 真值表**

A	B	C	F	A	B	C	F
0	0	0	1	1	0	0	0
0	0	1	0	1	0	1	0
0	1	0	0	1	1	0	0
0	1	1	0	1	1	1	1

（3）分析逻辑功能。当 A、B、C 三个变量一致时，输出为"1"，所以这个电路称为"判一致电路"。

3.1.2 组合逻辑电路的设计

组合逻辑电路的设计，就是根据给出的实际逻辑问题，求出实现这一逻辑功能的最简单的逻辑电路。组合电路的设计是分析的逆过程，它的设计步骤如图 3—7 所示。

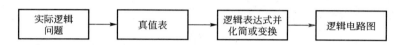

图 3—7 组合逻辑电路的设计步骤

组合逻辑电路的设计步骤如下：

（1）进行逻辑抽象。根据逻辑功能要求，确定逻辑变量，并对变量赋值。

（2）根据输入输出要求列出真值表。

（3）根据真值表写出逻辑函数表达式，并进行化简或变换。为获得最简单的设计结果，最好将函数表达式化简成最简形式（即函数式中相加的乘积项最少，而且每个乘积项中的因子也最少），或根据设计要求变换成适当形式的表达式。

（4）根据化简或变换后的逻辑函数表达式，画出逻辑电路图。

【例 3】 一个火灾报警系统，设有烟感、温感和紫外光感三种类型的火灾探测器。为了防止误报警，只有当其中有两种或两种以上类型的探测器发出火灾检测信号时，报警系统产生报警控制信号。设计一个产生报警控制信号的电路。

解：（1）逻辑抽象：设输入输出变量并逻辑赋值。

输入变量：烟感探测器 A、温感探测器 B、紫外线光感探测器 C。

输出变量：火灾报警控制信号 Y。

逻辑赋值：用 1 表示肯定；用 0 表示否定。

（2）根据题意列出逻辑状态真值表，如表 3—3 所示。

表 3—3　　　　　　　　　　　　　　　　　例 3 真值表

A	B	C	Y	A	B	C	Y
0	0	0	0	1	0	0	0
0	0	1	0	1	0	1	1
0	1	0	0	1	1	0	1
0	1	1	1	1	1	1	1

（3）根据真值表写出逻辑函数表达式：

$$Y=\overline{A}BC+A\overline{B}C+AB\overline{C}+ABC$$

用卡诺图化简，如图 3—8 所示。

所以，$Y=AB+AC+BC$。

（4）根据逻辑函数表达式，画出逻辑电路图，如图 3—9 所示。

【例 4】 用与非门设计一个举重裁判表决电路。设举重比赛有三个裁判，一个主裁判和两个副裁判。杠铃是否举起由每一个裁判按一下自己面前的按钮来确定。只有当两个或两个以上裁判判明成功，且其中一个为主裁判时，成功的灯才亮。

46

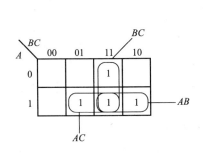

图 3—8　例 3 卡诺图　　　　　　图 3—9　例 3 逻辑电路图

解：（1）逻辑抽象：设输入输出变量并逻辑赋值。

输入变量：A 为主裁判，B、C 为副裁判。

输出变量：表明成功与否的灯为 Y。

（2）根据题意列出逻辑状态真值表，如表 3—4 所示。

表 3—4　　　　　　　　　　　　　　例 4 真值表

A	B	C	Y	A	B	C	Y
0	0	0	0	1	0	0	0
0	0	1	0	1	0	1	1
0	1	0	0	1	1	0	1
0	1	1	0	1	1	1	1

（3）根据真值表写出逻辑函数表达式：

$$Y = A\overline{B}C + AB\overline{C} + ABC$$

用卡诺图化简，如图 3—10 所示。

所以，$Y = AB + AC$。

变换为用"与非门"表示：$Y = \overline{\overline{AB}\,\overline{AC}}$。

（4）根据逻辑函数表达式，画出逻辑电路图，如图 3—11 所示。

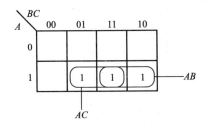

图 3—10　例 4 卡诺图

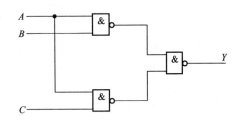

图 3—11　例 4 逻辑电路图

3.2　常见组合逻辑电路

3.2.1　编码器

在数字设备中，数据和信息是用 0 和 1 组成的二进制代码来表示的，将若干个"0"和

47

"1"按一定的规律编排在一起，编成不同的代码，并且赋予每个代码以固定的含义，这就叫做编码。n 位二进制代码有 2^n 种状态，可以表示 2^n 个不同的对象。例如，可用三位二进制数组成的编码表示十进制数的 0～7。完成编码工作的数字电路称为编码器。

1. 普通编码器

目前，经常使用的编码器有普通编码器和优先编码器两类。在普通编码器中，任何时刻只允许输入一个编码信号，否则输出将发生混乱。下面以 3 位二进制普通编码器为例，分析一下编码器的工作原理。

如图 3—12 所示，电路是实现由 3 位二进制代码对 8 个输入信号进行编码的编码器，常称为 8 线-3 线编码器，其中 I_0～I_7 为 8 个输入端，且低电平有效，Y_2～Y_0 为 3 个代码输出端。

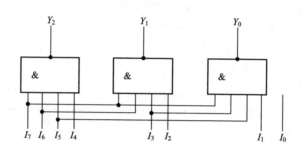

图 3—12　三位二进制编码器逻辑图

采用组合逻辑电路分析的方法对图 3—12 进行逻辑分析，列出各输出逻辑函数式如下：

$$Y_2 = I_4 I_5 I_6 I_7$$
$$Y_1 = I_2 I_3 I_6 I_7$$
$$Y_0 = I_1 I_3 I_5 I_7$$

由输出函数式可知，当任何一个输入端接低电平时，三个输出端便会有一组对应的代码输出，输出与输入对应关系的真值表如表 3—5 所示。表中逻辑"0"为有效电平，逻辑"1"为无效电平。例如，当 I_7 为有效输入"0"，而其他输入均为无效输入"1"时，则所得输出编码为 $Y_2 Y_1 Y_0 = 000$（实际为 7 的反码）。

表 3—5　　　　　　　　　　　　　　三位二进制编码器真值表

输　　入								输　　出		
I_7	I_6	I_5	I_4	I_3	I_2	I_1	I_0	Y_2	Y_1	Y_0
0	1	1	1	1	1	1	1	0	0	0
1	0	1	1	1	1	1	1	0	0	1
1	1	0	1	1	1	1	1	0	1	0
1	1	1	0	1	1	1	1	0	1	1
1	1	1	1	0	1	1	1	1	0	0
1	1	1	1	1	0	1	1	1	0	1
1	1	1	1	1	1	0	1	1	1	0
1	1	1	1	1	1	1	0	1	1	1

在图 3—12 所示的编码器中，I_0 的编码是隐含着的，当 I_1～I_7 均为 1 时，电路的输出

就是 I_0 的编码。

2. 优先编码器

优先编码器允许多个信息同时输入，但只对其中优先级别最高的信号进行编码，编码具有唯一性。优先级别是由编码器设计者事先规定好的。图 3—13 是 8 线- 3 线优先编码器 CT74LS148 的框图和逻辑图。

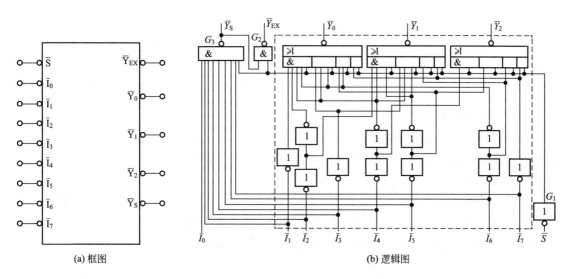

(a) 框图　　　　　　　　　　　　　　　(b) 逻辑图

图 3—13　8 线- 3 线优先编码器 CT74LS148

采用组合逻辑电路分析的方法对图 3—13 进行逻辑分析，可列出各输出逻辑函数式如下：

$$\overline{Y_2}=\overline{I_7+I_6+I_5+I_4}$$

$$\overline{Y_1}=\overline{I_7+I_6+I_3\ \overline{I_4 I_5}+I_2\ \overline{I_4 I_5}}$$

$$\overline{Y_0}=\overline{I_7+I_5\ \overline{I_6}+I_3\ \overline{I_4 I_6}+I_1\ \overline{I_2 I_4 I_6}}$$

$\overline{I_0}\sim\overline{I_7}$：输入，低电平有效。优先级别依次为 $\overline{I_7}\sim\overline{I_0}$。

$\overline{Y_2}\sim\overline{Y_0}$：编码输出端。

$\overline{S}$：使能输入端。当 $\overline{S}=0$ 时，编码；当 $\overline{S}=1$ 时，禁止编码。

$\overline{Y_s}$：使能输出端。编码状态下（$\overline{S}=0$），若无输入信号，$\overline{Y_s}=0$。

$\overline{Y_{EX}}$：扩展输出端。编码状态下（$\overline{S}=0$），若有输入信号，$\overline{Y_{EX}}=0$。

8 线- 3 线优先编码器 CT74LS148 的真值表如表 3—6 所示。

表 3—6　　　　　　　　　　　　8 线- 3 线优先编码器 CT74LS148 的真值表

输　入									输　出				
$\overline{S}$	$\overline{I_0}$	$\overline{I_1}$	$\overline{I_2}$	$\overline{I_3}$	$\overline{I_4}$	$\overline{I_5}$	$\overline{I_6}$	$\overline{I_7}$	$\overline{Y_2}$	$\overline{Y_1}$	$\overline{Y_0}$	$\overline{Y_s}$	$\overline{Y_{EX}}$
1	×	×	×	×	×	×	×	×	1	1	1	1	1
0	1	1	1	1	1	1	1	1	1	1	1	0	1
0	×	×	×	×	×	×	×	0	0	0	0	1	0
0	×	×	×	×	×	×	0	1	0	0	1	1	0

（续前表）

输　　入									输　　出				
$\overline{S}$	$\overline{I_0}$	$\overline{I_1}$	$\overline{I_2}$	$\overline{I_3}$	$\overline{I_4}$	$\overline{I_5}$	$\overline{I_6}$	$\overline{I_7}$	$\overline{Y_2}$	$\overline{Y_1}$	$\overline{Y_0}$	$\overline{Y_s}$	$\overline{Y_{EX}}$
0	×	×	×	×	×	0	1	1	0	1	0	1	0
0	×	×	×	×	0	1	1	1	0	1	1	1	0
0	×	×	×	0	1	1	1	1	1	0	0	1	0
0	×	×	0	1	1	1	1	1	1	0	1	1	0
0	×	0	1	1	1	1	1	1	1	1	0	1	0
0	0	1	1	1	1	1	1	1	1	1	1	1	0

3.2.2 译码器

译码器的逻辑功能是将输入的一组二进制代码"翻译"成一个特定的输出信号。译码是编码的逆过程。常用的译码器有二进制译码器、二-十进制译码器和显示译码器三类。

1. 二进制译码器

二进制译码器的输入为一组二进制代码，若有 n 个输入变量，则有 2^n 个不同的组合状态，2^n 个输出端供其使用。对应每一组输入代码，输出端只有一个为有效电平，其余均为无效电平，即每一个输出所代表的函数对应于 n 个输入变量的最小项。二进制译码器实现的是"多对一"译码。

由 TTL 与非门组成的 3 线-8 线译码器中规模集成电路 74LS138，有 3 个输入端，8 个输出端。其逻辑符号图和逻辑电路图如图 3—14 所示，真值表如表 3—7 所示。

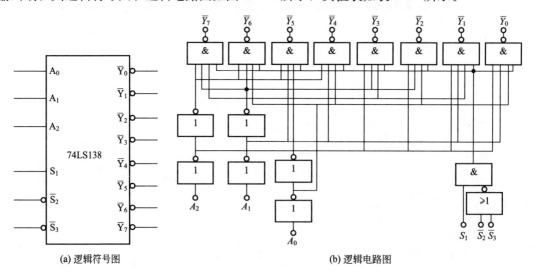

(a) 逻辑符号图　　　　　　　　　　(b) 逻辑电路图

图 3—14　3 线-8 线译码器 74LS138

表 3—7　　　　　　　　　3 线-8 线译码器 74LS138 功能真值表

输　　入					输　　出							
S_1	$\overline{S_2}+\overline{S_3}$	A_2	A_1	A_0	$\overline{Y_0}$	$\overline{Y_1}$	$\overline{Y_2}$	$\overline{Y_3}$	$\overline{Y_4}$	$\overline{Y_5}$	$\overline{Y_6}$	$\overline{Y_7}$
0	×	×	×	×	1	1	1	1	1	1	1	1
×	1	×	×	×	1	1	1	1	1	1	1	1

（续前表）

输入					输出							
S_1	$\overline{S}_2+\overline{S}_3$	A_2	A_1	A_0	$\overline{Y}_0$	$\overline{Y}_1$	$\overline{Y}_2$	$\overline{Y}_3$	$\overline{Y}_4$	$\overline{Y}_5$	$\overline{Y}_6$	$\overline{Y}_7$
1	0	0	0	0	0	1	1	1	1	1	1	1
1	0	0	0	1	1	0	1	1	1	1	1	1
1	0	0	1	0	1	1	0	1	1	1	1	1
1	0	0	1	1	1	1	1	0	1	1	1	1
1	0	1	0	0	1	1	1	1	0	1	1	1
1	0	1	0	1	1	1	1	1	1	0	1	1
1	0	1	1	0	1	1	1	1	1	1	0	1
1	0	1	1	1	1	1	1	1	1	1	1	0

由真值表 3—7 可以看出，输出端同时又是输入端三个变量的全部最小项的译码输出，所以也把这种译码器叫做最小项译码器。

2. 二-十进制译码器

二-十进制译码器（又称 BCD 码译码器）的逻辑功能是将输入的四位二进制码翻译成对应的一位十进制数。常用的二-十进制译码器 74LS42 为 8421BCD 码译码器，其逻辑图如图 3—15 所示，真值表如表 3—8 所示。

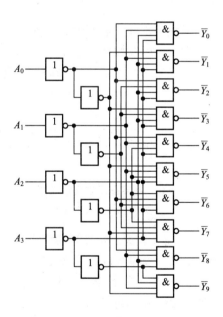

图 3—15　二-十进制译码器 74LS42 逻辑图

表 3—8　　　　　　　　　　　二-十进制译码器 74LS42 真值表

对应十进制数	输入				输出									
	A_3	A_2	A_2	A_0	$\overline{Y}_0$	$\overline{Y}_1$	$\overline{Y}_2$	$\overline{Y}_3$	$\overline{Y}_4$	$\overline{Y}_5$	$\overline{Y}_6$	$\overline{Y}_7$	$\overline{Y}_8$	$\overline{Y}_9$
0	0	0	0	0	0	1	1	1	1	1	1	1	1	1
1	0	0	0	1	1	0	1	1	1	1	1	1	1	1

（续前表）

对应十进制数	输入				输出									
	A_3	A_2	A_2	A_0	$\overline{Y}_0$	$\overline{Y}_1$	$\overline{Y}_2$	$\overline{Y}_3$	$\overline{Y}_4$	$\overline{Y}_5$	$\overline{Y}_6$	$\overline{Y}_7$	$\overline{Y}_8$	$\overline{Y}_9$
2	0	0	1	0	1	1	0	1	1	1	1	1	1	1
3	0	0	1	1	1	1	1	0	1	1	1	1	1	1
4	0	1	0	0	1	1	1	1	0	1	1	1	1	1
5	0	1	0	1	1	1	1	1	1	0	1	1	1	1
6	0	1	1	0	1	1	1	1	1	1	0	1	1	1
7	0	1	1	1	1	1	1	1	1	1	1	0	1	1
8	1	0	0	0	1	1	1	1	1	1	1	1	0	1
9	1	0	0	1	1	1	1	1	1	1	1	1	1	0
伪码	1	0	1	0	1	1	1	1	1	1	1	1	1	1
	1	0	1	1	1	1	1	1	1	1	1	1	1	1
	1	1	0	0	1	1	1	1	1	1	1	1	1	1
	1	1	0	1	1	1	1	1	1	1	1	1	1	1
	1	1	1	0	1	1	1	1	1	1	1	1	1	1
	1	1	1	1	1	1	1	1	1	1	1	1	1	1

3. 显示译码器

在数字测量仪表和各种数字系统中，通常需要将数字量直观地显示出来，一方面供人们直接读取测量和运算结果，另一方面用以监视数字系统的工作情况。因此，数字显示电路是许多数字设备不可缺少的部分。数字显示电路通常由译码器、驱动器和显示器等部分组成，如图 3—16 所示。

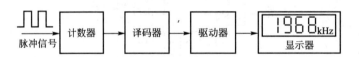

脉冲信号 → 计数器 → 译码器 → 驱动器 → 1968kHz 显示器

图 3—16　数字显示电路组成框图

下面分别介绍显示器和译码器。

（1）七段数字显示器。七段数字显示器是目前使用最广泛的一种数码显示器。这种数码显示器由分布在同一平面的七段可发光的线段组成，用来显示数字、文字或符号。图 3—17 表示七段数字显示器利用 $a \sim g$ 不同的发光段组合，可显示 $0 \sim 15$ 等数字。在实际应用中，$10 \sim 15$ 并不采用，而是用两位数字显示器进行显示。

最常用的七段数字显示器有半导体显示器和液晶显示器两种。如图 3—18 所示，根据发光二极管的连接形式不同，半导体显示器分为共阴极显示器和共阳极显示器。共阴极显示器将 7 个发光二极管的阴极联在一起，作为公共端。在电路中，将公共端接于低电平，当某段二极管的阳极为高电平时，相应段发光。共阳极显示器的控制方式与共阴极显示器正好相反。

（2）七段显示译码器。数字显示译码器可以将输入代码转换成相应的数字显示代码，并在数码管上显示出来。图 3—19 为七段显示译码器 7448 的引脚图，输入 A_3、A_2、A_1 和 A_0

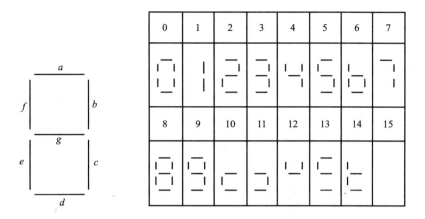

图 3—17   七段数字显示器发光段组合图

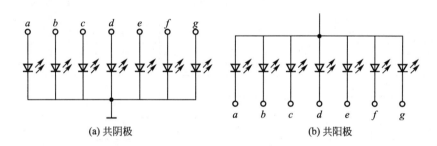

(a) 共阴极   (b) 共阳极

图 3—18   半导体显示器

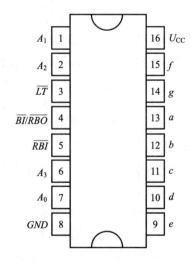

图 3—19   七段显示译码器 7448 的引脚图

接收四位二进制码，输出 $a \sim g$ 为高电平有效，可直接驱动共阴极显示器，三个辅助控制端灯测试输入 $\overline{LT}$、动态灭零输入 $\overline{RBI}$、灭灯输入/动态灭零输出 $\overline{BI/RBO}$，可增强器件的功能，扩大器件的应用。七段显示译码器 7448 的真值表如表 3—9 所示。

表 3—9　　　　　　　　　　七段显示译码器 7448 真值表

十进制数或功能	输入						$\overline{BI}/\overline{RBO}$	输出						
	$\overline{LT}$	$\overline{RBI}$	A_3	A_2	A_1	A_0		a	b	c	d	e	f	g
0	1	1	0	0	0	0	1	1	1	1	1	1	1	0
1	1	×	0	0	0	1	1	0	1	1	0	0	0	0
2	1	×	0	0	1	0	1	1	1	0	1	1	0	1
3	1	×	0	0	1	1	1	1	1	1	1	0	0	1
4	1	×	0	1	0	0	1	0	1	1	0	0	1	1
5	1	×	0	1	0	1	1	1	0	1	1	0	1	1
6	1	×	0	1	1	0	1	0	0	1	1	1	1	1
7	1	×	0	1	1	1	1	1	1	1	0	0	0	0
8	1	×	1	0	0	0	1	1	1	1	1	1	1	1
9	1	×	1	0	0	1	1	1	1	1	1	0	1	1
10	1	×	1	0	1	0	1	0	0	0	1	1	0	1
11	1	×	1	0	1	1	1	0	0	1	1	0	0	1
12	1	×	1	1	0	0	1	0	1	0	0	0	1	1
13	1	×	1	1	0	1	1	1	0	0	1	0	1	1
14	1	×	1	1	1	0	1	0	0	0	1	1	1	1
15	1	×	1	1	1	1	1	0	0	0	0	0	0	0
消隐	×	×	×	×	×	×	0	0	0	0	0	0	0	0
动态灭零	1	0	0	0	0	0	0	0	0	0	0	0	0	0
灯测试	0	×	×	×	×	×	1	1	1	1	1	1	1	1

从真值表可以看出，对输入代码 0000，译码条件 $\overline{LT}$ 和 $\overline{RBI}$ 同时等于 1，而对其他输入代码则仅要求 $\overline{LT}=1$，此时，译码器各段 $a \sim g$ 输出的电平是由输入代码决定的，并且满足显示字形的要求。

$\overline{LT}$ 低电平有效。当 $\overline{LT}=0$ 时，无论其他输入端是什么状态，所有输出 $a \sim g$ 均为 1，显示字形 8。该输入端常用于检查 7448 本身及显示器的好坏。

$\overline{RBI}$ 低电平有效。当 $\overline{LT}=1$，$\overline{RBI}=0$，且输入代码 $A_3A_2A_1A_0=0000$ 时，输出 $a \sim g$ 均为低电平，即不显示与 0000 码相应的字形 0，故称"灭零"。利用 $\overline{LT}=1$ 与 $\overline{RBI}=0$，可以实现某一位数码的"消隐"。

$\overline{BI}/\overline{RBO}$ 是特殊控制端，既可作为输入，又可作为输出。当 $\overline{BI}/\overline{RBO}$ 作为输入使用时，称灭灯输入控制端。当 $\overline{BI}/\overline{RBO}=0$ 时，无论其他输入端是什么电平，所有输出 $a \sim g$ 均为 0，字形熄灭。$\overline{BI}/\overline{RBO}$ 作为输出使用时，称灭零输出端。受 $\overline{LT}$ 和 $\overline{RBI}$ 控制，只有当 $\overline{LT}=1$，$\overline{RBI}=0$，且输入代码 $A_3A_2A_1A_0=0000$ 时，$\overline{BI}/\overline{RBO}=0$，其他情况下 $\overline{BI}/\overline{RBO}=1$。该端主要用于显示多位数字时多个译码器之间的连接。

3.2.3　加法器

在数字系统中，加法器是最基本的运算单元。两个二进制数之间的加、减、乘、除等算术运算，一般都是转化成若干步加法运算进行的。

1. 半加器

将两个一位二进制数相加而不考虑来自低位的进位，称为半加。实现半加运算的电路叫做半加器，其真值表如表3—10所示。其中，A和B是两个一位二进制数，S是半加后得到的和，C是相加产生的向高位的进位。

表3—10 半加器真值表

A	B	S	C	A	B	S	C
0	0	0	0	1	0	1	0
0	1	1	0	1	1	0	1

由真值表可得出表达式：

$$S = \overline{A}B + A\overline{B} = A \oplus B$$

$$C = AB$$

因此，半加器可以利用一个集成异或门和与门来实现，其逻辑图和逻辑符号如图3—20所示。

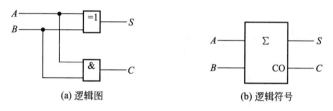

(a) 逻辑图　　　　　　　　(b) 逻辑符号

图3—20 半加器逻辑图和逻辑符号

2. 全加器

实际进行二进制加法时，两个一位二进制相加并考虑来自低位进位的加法运算，称为全加，实现全加运算的电路叫做全加器。因此，全加器有三个输入端，两个输出端，其真值表如表3—11所示。其中A_i、B_i分别是被加数、加数，C_{i-1}是来自低位的进位，S_i为本位全加和，C_i为本位向高位的进位。

表3—11 全加器真值表

A_i	B_i	C_{i-1}	S_i	C_i
0	0	0	0	0
0	0	1	1	0
0	1	0	1	0
0	1	1	0	1
1	0	0	1	0
1	0	1	0	1
1	1	0	0	1
1	1	1	1	1

由真值表可得出表达式：

$$S_i = \overline{A}_i\overline{B}_iC_{i-1} + \overline{A}_iB_i\overline{C}_{i-1} + A_i\overline{B}_i\overline{C}_{i-1} + A_iB_iC_{i-1}$$

$$= A_i \oplus B_i \oplus C_{i-1}$$

$$C_{i-1}=A_i\overline{B}_iC_{i-1}+\overline{A}_iB_i\overline{C}_{i-1}+A_iB_i\overline{C}_{i-1}+A_iB_iC_{i-1}$$
$$=(A_i\oplus B_i)C_{i-1}+A_iB_i$$

根据逻辑函数式可得到全加器的一种逻辑图。图 3—21 所示为全加器的逻辑图和逻辑符号。

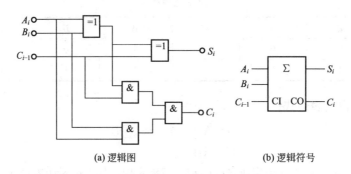

(a) 逻辑图   (b) 逻辑符号

图 3—21 全加器的逻辑图和逻辑符号

3.2.4 数值比较器

1. 一位数字比较器

将两个一位数 A 和 B 进行大小比较，一般有三种可能：$A>B$，$A<B$ 和 $A=B$。因此比较器应有两个输入端 A 和 B，三个输出端 $F_{A>B}$、$F_{A<B}$ 和 $F_{A=B}$。设 $A>B$ 时，$F_{A>B}=1$；$A<B$ 时，$F_{A<B}=1$；$A=B$ 时，$F_{A=B}=1$，则可列出其真值表如表 3—12 所示。

表 3—12　　　　　　　　　　　一位数值比较器真值表

输入		输出		
A	B	$F_{A>B}$	$F_{A<B}$	$F_{A=B}$
0	0	0	0	1
0	1	0	1	0
1	0	1	0	0
1	1	0	0	1

由真值表可得出各输出逻辑表达式为：

$$F_{A>B}=A\overline{B}$$

$$F_{A<B}=\overline{A}B$$

$$F_{A=B}=\overline{A}\,\overline{B}+AB=A\odot B=\overline{A\oplus B}$$

根据逻辑表达式可得到一位数值比较器的逻辑图如图 3—22 所示。

2. 多位数值比较器

两个多位数值比较大小，应先从最高位开始进行比较，如果它们不相等，便可得出结论，无须比较低位了。若最高位相等，则再比较次高位，依此类推。显然，如果两数相等，那么比较步骤必须进行到最低位才能得到结果。

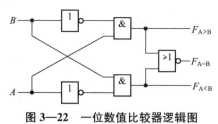

图 3—22　一位数值比较器逻辑图

【例 5】　两个四位二进制数 $A_3A_2A_1A_0$ 和 $B_3B_2B_1B_0$ 进行比较。

解：（1）若 $A_3>B_3$，则可以肯定 $A>B$，这时输出 $F_{A>B}=1$；若 $A_3<B_3$，则可以肯定 $A<B$，这时输出 $F_{A<B}=1$。

（2）当 $A_3=B_3$ 时，再去比较次高位 A_2 和 B_2。若 $A_2>B_2$，则 $F_{A>B}=1$；若 $A_2<B_2$，则 $F_{A<B}=1$。

（3）当 $A_3=B_3$，$A_2=B_2$ 时，再继续比较 A_1 和 B_1。若 $A_1>B_1$，则 $F_{A>B}=1$；若 $A_1<B_1$，则 $F_{A<B}=1$。

（4）依此类推，直到所有的高位都相等时，才比较最低位。这种从高位开始比较的方法要比从低位开始比较的方法速度快。表 3—13 是一个四位数值比较器的真值表。

表 3—13　　　　　　　　　　　　　四位数值比较器的真值表

比较输入				输出		
A_3　B_3	A_2　B_2	A_1　B_1	A_0　B_0	$F_{A>B}$	$F_{A<B}$	$F_{A=B}$
$A_3>B_3$	×	×	×	1	0	0
$A_3<B_3$	×	×	×	0	1	0
$A_3=B_3$	$A_2>B_2$	×	×	1	0	0
$A_3=B_3$	$A_2<B_2$	×	×	0	1	0
$A_3=B_3$	$A_2=B_2$	$A_1>B_1$	×	1	0	0
$A_3=B_3$	$A_2=B_2$	$A_1<B_1$	×	0	1	0
$A_3=B_3$	$A_2=B_2$	$A_1=B_1$	$A_0>B_0$	1	0	0
$A_3=B_3$	$A_2=B_2$	$A_1=B_1$	$A_0<B_0$	0	1	0
$A_3=B_3$	$A_2=B_2$	$A_1=B_1$	$A_0=B_0$	0	0	1

3.2.5　数据选择器

数据选择器又称多路数据选择器，它类似于多个输入的单刀多掷开关，其示意图如图 3—23 所示。数据选择器在选择控制信号的作用下，选择多路数据输入中的某一路与输出端接通。集成数据选择器的种类很多，有 2 选 1、4 选 1、8 选 1 和 16 选 1 等。

74LS151 是一种典型的集成电路数据选择器，它有三个地址输入端 A_2、A_1 和 A_0，可选择 $D_0 \sim D_7$ 8 个数据源，具有两个互补输出端，即同相输出端 Y 和反相输出端 $\overline{W}$。该逻辑电路输入使能 $\overline{S}$ 为低电平有效。74LS151 型 8 选 1 数据选择器的引脚图和逻辑符号如图 3—24 所示。

设 m_i 为 A_2、A_1、A_0 的最小项。例如，当 $A_2A_1A_0=011$ 时，根据最小项性质，只有 $m_3=1$，其余各项为 0，故得 $Y=D_3$，即只有 D_3 传送到输出端。74LS151 的功能表如表 3—14 所示。

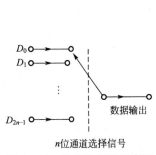

图 3—23　数据选择器示意图

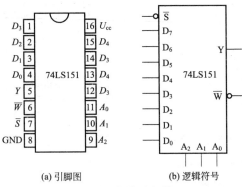

(a) 引脚图　　　　(b) 逻辑符号

图 3—24　8 选 1 数据选择器 74LS151

表 3—14 74LS151 的功能表

输　　入				输　　出	
使　　能	地　　址				
$\overline{S}$	A_2	A_1	A_0	Y	$\overline{W}$
1	$\times$	$\times$	$\times$	0	1
0	0	0	0	D_0	$\overline{D}_0$
0	0	0	1	D_1	$\overline{D}_1$
0	0	1	0	D_2	$\overline{D}_2$
0	0	1	1	D_3	$\overline{D}_3$
0	1	0	0	D_4	$\overline{D}_4$
0	1	0	1	D_5	$\overline{D}_5$
0	1	1	0	D_6	$\overline{D}_6$
0	1	1	1	D_7	$\overline{D}_7$

【例6】 试用 74LS151 实现逻辑函数 $Y = \overline{A}C + A\overline{B}$。

解： 把式 $Y = \overline{A}C + A\overline{B}$ 转换成最小项表达式：

$$Y = \overline{A}C + A\overline{B}$$
$$= \overline{A}\,\overline{B}C + \overline{A}BC + A\overline{B}\,\overline{C} + A\overline{B}C$$
$$= m_1 + m_3 + m_4 + m_5$$

令 $A_2 = A$，$A_1 = B$，$A_0 = C$；$\overline{S}$ 端接地，使数据选择器 74LS151 处于使能状态。只要输入 $D_0 = D_2 = D_6 = D_7 = 0$，$D_1 = D_3 = D_4 = D_5 = 1$，即可实现函数 $Y = \overline{A}C + A\overline{B}$。电路如图 3—25 所示。

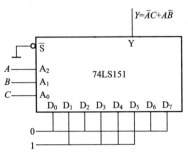

图 3—25　例 6 电路图

习 题 3

1. 组合逻辑电路的特点是什么？分析组合逻辑电路时分哪几个步骤？

2. 设计组合逻辑电路时分哪几个步骤？与分析组合逻辑电路的步骤有何区别？

3. 分析如图 3—26 所示组合逻辑电路的逻辑功能，写出输出的逻辑函数式，列出真值表，说明电路的逻辑功能。

4. 组合电路如图 3—27 所示，分析该电路的逻辑功能。

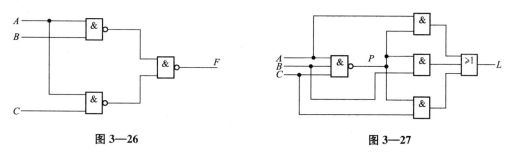

图 3—26   图 3—27

5. 设计一个监视交通信号灯工作状态的逻辑电路。电路由红、黄、绿三盏灯组成。正常工作时，任何时刻必有一盏且只允许有一盏灯点亮，同时有其他灯点亮状态时电路故障，要求发出故障信号（要求用"与非"门实现）。

6. 举重比赛有 A、B、C 三个裁判及一个主裁判 D。当主裁判认为合格时算为两票，而 A、B、C 裁判认为合格时分别算为一票。用"与非"门设计多数通过的表决电路。

7. 在如图 3—28 所示的电路中，74LS138 是 3 线-8 线译码器。试写出输出 Y_1、Y_2 的逻辑函数式。

8. 试用 3 线-8 线译码器实现函数 $F_1 = \sum m(0,4,7)$。

设计一个三人表决电路（A、B、C），每人一个按键，如果同意按下，不同意不按，结果用指示灯表示，多数同意时指示灯亮，否则不亮。

9. 用 8 选 1 数据选择器 74LS151 实现函数 $F(A,B,C) = AB + AC$。

10. 用 8 选 1 数据选择器 74LS151 实现函数 $Y = A\overline{C} + \overline{A}C + \overline{B}C$。

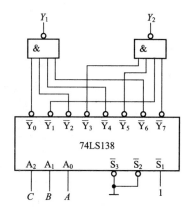

图 3—28

第4章 触发器

课前导读

触发器具有记忆功能，它是数字电路中用来存储二进制数字信号的单元电路。触发器在晚会彩灯、计数器、抢答器、路灯控制器等设计中应用广泛。

案例1：

电子触发器主要用于高压钠灯、金属卤化物灯及其他类型的气体电灯，其作用是提供瞬时高压，使灯内的气体电离，成为通电状态，灯两端的灯丝受热发出的电子在电场的作用下定向运动撞击灯管上的荧光物质使其发光。图4—1所示的是一款电子触发器。电子触发器具有无机械触点、可靠性好、体积小、重量轻、使用方便等优点，从而受到用户的青睐。

案例2：

图4—2所示的是一个触摸延时开关，使用时，只要用手指摸一下触摸电极，灯就点亮，延时若干分钟后会自动熄灭。触摸延时开关是应用触摸感应芯片原理设计的一种墙壁开关，是传统机械按键式墙壁开关的换代产品。能实现智能化、操作更方便的触摸开关有传统开关不可比拟的优势，是目前家居产品的非常流行的一种装饰性开关。触摸延时开关是电子取代机械的又一成功应用。触摸开关没有金属触点，不放电，不打火，可大量的节省铜合金材料，同时对于机械结构的要求大大减少。它直接取代传统开关，操作舒适、手感极佳、控制精准且没有机械磨损。

图4—1 电子触发器实物图

图4—2 用双D触发器制作的触摸开关电路

技能目标

- 掌握基本 RS 触发器、同步 RS 触发器的结构与功能分析；
- 掌握 RS、JK、D、T 和 T' 各功能触发器的结构与功能分析；
- 掌握 RS、JK、D、T 和 T' 各功能触发器的相互转换。

知识目标

- 了解触发器的特点；
- 掌握描写触发器逻辑功能的方法。

在数字电路系统中，除了由集成逻辑门电路构成的组合逻辑电路之外，还有一种用触发器与各种门电路一起组成的时序逻辑电路。触发器是时序逻辑电路的基本单元，其种类繁多。本章将介绍触发器的各种电路结构及不同的动作特点，从逻辑功能上对触发器进行分类，并介绍不同逻辑功能触发器之间实现转换的方法。

4.1　触发器概述

在数字电路系统中，对二进制数字信号进行算术或逻辑运算时，经常需要保存这些信号和运算结果。因此，需要使用具有记忆功能的基本逻辑单元——触发器，它具有两种稳定状态。触发器具有如下特点：

- 具有两个稳定状态——"0" 和 "1" 状态。
- 在输入信号作用下，触发器可以置成 "0" 状态或 "1" 状态。
- 当输入信号保持不变时，具有保持原来状态的功能。

触发器是组成各种时序逻辑电路存储部分的基本单元，它是由门电路构成的。常用的触发器按逻辑功能不同可分为：RS 触发器、JK 触发器、D 触发器、T 触发器和 T' 触发器等。不同功能的触发器在使用时操作方法不同。

按电路结构不同触发器可分为：基本 RS 触发器、同步 RS 触发器、主从触发器、维持阻塞触发器、边沿触发器等。不同的电路结构确定了触发器不同的动作特点。

4.2　基本 RS 触发器

基本 RS 触发器是所有触发器中电路结构形式最简单的一种，它是构成许多复杂电路结构触发器的一个组成部分。

1. 电路结构

基本 RS 触发器由两个与非门 G_1 和 G_2 交叉直接耦合而成，如图 4—3 所示。它有两个 Q 和 $\overline{Q}$ 输出端，在正常情况下，两个输出端保持稳定的状态且始终相反，即一个为 0 时，另一个为 1。两个输入端 $\overline{S}_D$ 和 $\overline{R}_D$，是用来加入触发信号的，信号为低电平有效。

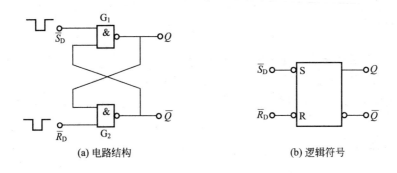

(a) 电路结构　　　　　　　　　　(b) 逻辑符号

图 4—3　基本 RS 触发器

一般把 Q 和 $\overline{Q}$ 端的状态作为触发器的输出状态。定义 $Q=1$、$\overline{Q}=0$ 为触发器的 1 状态，$Q=0$、$\overline{Q}=1$ 为触发器的 0 状态。$\overline{S}_D$ 为置位端或置 1 输入端，$\overline{R}_D$ 为复位端或置 0 输入端。

2. 基本工作原理

基本 RS 触发器在没有外输入信号的情况下，可以保持原来的 0 状态或 1 状态不变。在 $\overline{S}_D$ 和 $\overline{R}_D$ 都悬空（输入为 1）的情况下，两个与非门的一端输入信号都是 1，则输出状态即新的状态（简称次态 Q^{n+1}）由触发器原来的状态（简称现态 Q^n）所决定。

(1) 当 $\overline{S}_D=0$，$\overline{R}_D=1$ 时，$Q^{n+1}=1$，$\overline{Q^{n+1}}=0$，此时触发器为 1 状态，即触发器置位。

(2) 当 $\overline{S}_D=1$，$\overline{R}_D=0$ 时，$Q^{n+1}=0$，$\overline{Q^{n+1}}=1$，此时触发器为 0 状态，即触发器复位。

(3) 当 $\overline{S}_D=1$，$\overline{R}_D=1$ 时，若触发器原状态为 0，则 $Q^{n+1}=0$，$\overline{Q^{n+1}}=1$；若触发器原状态为 1 状态，则 $Q^{n+1}=1$，$\overline{Q^{n+1}}=0$。触发器保持原有状态不变，即原来的状态被触发器存储起来，这体现了触发器具有记忆功能。

(4) 当 $\overline{S}_D=0$，$\overline{R}_D=0$ 时，$Q^{n+1}=\overline{Q^{n+1}}=1$，不符合触发器两个输出互补的逻辑关系。并且，由于与非门延迟时间不可能完全相等，在两个输入端同时回到高电平后，将不能确定触发器是处于 1 状态还是 0 状态。所以触发器不允许出现这种情况，这就是基本 RS 触发器的约束条件。

3. 触发器逻辑功能的描述方法

触发器的逻辑功能是指触发器输出的次态与现态及输入信号之间的逻辑关系。描述触发器逻辑功能的方法主要有特性表、特性方程、状态转换图和时序图等。下面将分别进行介绍。

(1) 特性表。基本 RS 触发器有两个输入端，可有四种输入信号组合，分别是 00、01、10、11。而不同的输入有不同的输出状态，具体如表 4—1 所示。

表 4—1　　　　　　　　　　　基本 RS 触发器的特性表

输入信号			输出状态	功能说明
$\overline{S}_D$	$\overline{R}_D$	Q^n	Q^{n+1}	
0	0	0	×	触发器状态不确定
0	0	1	×	

（续前表）

输入信号			输出状态	功能说明
$\overline{S}_D$	$\overline{R}_D$	Q^n	Q^{n+1}	
0	1	0	1	触发器置"1"
0	1	1	1	
1	0	0	0	触发器置"0"
1	0	1	0	
1	1	0	0	触发器保持原来的状态不变
1	1	1	1	

（2）特性方程。因为触发器的次态 Q^{n+1} 不仅与输入状态有关，而且与触发器的现态 Q^n 有关。由与非门的逻辑关系，可得基本 RS 触发器的逻辑关系如下：

$$Q^{n+1}=S_D+\overline{R}_D Q^n \qquad （约束条件：S_D R_D=0）$$

由基本 RS 触发器的电路图可以看到，其输入信号都直接加在输出门上，所以输入信号能在任意时刻直接改变触发器的状态。因此，也把 S_D 叫做直接置位端，把 R_D 叫做直接复位端，并且把基本 RS 触发器叫做直接置位、复位触发器。

（3）时序图（又称波形图）。时序图就是时序逻辑电路在脉冲序列作用下，电路的输入状态、输出状态随时间变化的波形图，主要描述触发器及时序逻辑电路的逻辑关系。假设初始状态 Q^n 为 0，按照给定的输入波形，画出相应的输出波形，如图 4—4 所示。

从时序图可以看出，输入波形与输出波形包含了特性表描述的情况。这是一种直观易懂的方法，而且比其他的方式更能说明电路的功能。

（4）状态图。在触发器及时序逻辑电路的分析中，用状态图表示它们的逻辑关系，是一种非常直观实用的形式。由基本 RS 触发器的真值表（见表 4—1）可画出基本 RS 触发器的状态图，如图 4—5 所示。

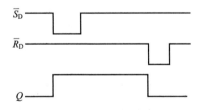

图 4—4　基本 RS 触发器的时序图

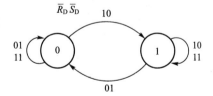

图 4—5　基本 RS 触发器的状态图

在图 4—5 中，圆圈表示触发器的两个状态"0"和"1"，箭头表示状态之间的转换关系，箭头旁边标注了转换的条件。

由分析得出，任何时候，只要输入信号 $\overline{S}_D$ 或 $\overline{R}_D$ 出现低电平，基本 RS 触发器的状态立即根据此时的输入信号来改变自己的状态，而不会受其他信号的限制。

【例1】　设基本 RS 触发器的初态为 0，$\overline{S}_D$ 或 $\overline{R}_D$ 的电压波形如图 4—6 所示，试画出 Q 和 $\overline{Q}$ 端的输出波形。

解：根据题意，触发器初态为 0，即 $Q=0$，$\overline{Q}=1$，当输入信号 $\overline{R}_D$ 和 $\overline{S}_D$ 同时输入高电平时触发器保持 0 态不变；当 $\overline{R}_D$ 和 $\overline{S}_D$ 有一端有低电平输入时，则使触发器分别置 0 和置

1. 当 $\overline{R}_D$ 和 $\overline{S}_D$ 端同时输入低电平时，$Q=\overline{Q}=1$。负脉冲信号过后，触发器处于不定状态。触发器 Q、$\overline{Q}$ 电压波形如图 4—6 所示。

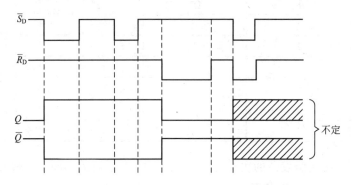

图 4—6   由与非门组成的基本 RS 触发器的波形图

4.3   同步 RS 触发器

基本 RS 触发器状态的变化是直接由 $\overline{S}_D$、$\overline{R}_D$ 端输入信号的变化引起的。而在复杂的数字系统中，往往有多个触发器，这就要求相关的触发器都由同一个时钟来控制，只有在时钟脉冲（CP）信号到来时，这些触发器才能按输入信号改变输出状态。这种触发器有两种输入端：一种是决定输出状态的信号输入端；另一种是决定其动作时间的时钟脉冲输入端。这种受时钟控制的触发器统称为同步触发器。

同步 RS 触发器是时钟触发器中最简单的一种，通过它可以了解时钟脉冲的概念。时钟脉冲的概念对整个时序逻辑电路的学习有着非常重要的意义。

同步 RS 触发器的逻辑图及逻辑符号如图 4—7 所示。

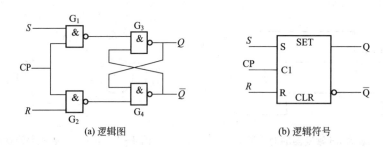

(a) 逻辑图   (b) 逻辑符号

图 4—7   同步 RS 触发器

图 4—7 中 G_1 和 G_2 组成一个时钟控制电路，G_3 和 G_4 构成一个基本 RS 触发器，输入信号从 G_1、G_2 输入，G_1、G_2 的输出 Q_1、Q_2 作为 G_3、G_4 的输入信号，决定输出 Q 的状态，根据与非门的逻辑特性，R、S 必须在 CP 为高电平时才能改变输出的状态，详细分析如下：

当 CP=0 时，G_1 和 G_2 两个与非门都输出 1，使 G_3 和 G_4 组成的基本 RS 触发器处于保持状态，触发器的输出不按输入信号 R、S 改变状态，即 $Q^{n+1}=Q^n$。

当 CP=1 时，R、S 信号通过 G_1 和 G_2 作用于 G_3 和 G_4 组成的基本 RS 触发器上，使触发器的输出 Q 和 $\overline{Q}$ 的状态随 R、S 的变化而变化。

因此，只有 CP＝1 时，触发器的状态才受输入信号的控制。此时，它的特性与基本 RS 触发器的不同之处是 R、S 输入端是高电平有效。其逻辑表达式如下：

$$Q^{n+1}=S+\overline{R}Q^n \quad （约束条件：RS=0）$$

同步 RS 触发器虽然受时钟信号的控制，但是还是存在空翻问题。空翻是指触发器在一个 CP 期间发生两次或两次以上的翻转（指输出端状态由 1 变 0 或由 0 变 1）。

对于同步 RS 触发器，在 CP＝1 的所有时间里，R、S 信号都能通过 G_1 和 G_2 作用到 G_3 和 G_4 组成的基本 RS 触发器，所以在 CP＝1 的全部时间内，输入端信号 R、S 发生的每一次变化，都将引起输出端状态 Q 的相应变化，即触发器发生多次翻转。这就大大降低了电路的抗干扰能力。在 CP 输入为高电平期间，所有的干扰都能反映到输出端。

在 CP＝1 时，同步 RS 触发器状态图如图 4—8 所示，特性表如表 4—2 所示。

表 4—2　　　　　　　　　　　同步 RS 触发器的特性表

CP	S	R	Q^n	Q^{n+1}	功能说明
0	×	×	0	0	触发器保持原态不变，$Q^{n+1}=Q^n$
			1	1	
1	0	0	0	0	触发器保持原状不变，$Q^{n+1}=Q^n$
	0	0	1	1	
1	0	1	0	0	触发器置 0，$Q^{n+1}=0$
	0	1	1	0	
1	1	0	0	1	触发器置 1，$Q^{n+1}=1$
	1	0	1	1	
1	1	1	0	×	触发器状态不定
	1	1	1	×	

【例 2】　已知同步 RS 触发器的输入信号 R、S 及 CP 的波形如图 4—9 所示。设触发器的初始状态为 0，试画出输出 Q 的波形图。

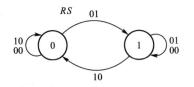

图4—8　同步 RS 触发器的状态图

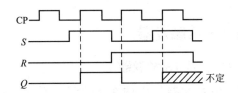

图4—9　同步 RS 触发器
的波形图（初态为 0）

解： 第一个 CP 到来时，$R=0$，$S=0$，触发器保持初始状态 $Q=0$ 不变。第二个 CP 到来时，$R=0$，$S=1$，所以 $Q=1$。第三个 CP 到来时，$R=1$，$S=0$，所以 $Q=0$。第四个 CP 到来时，$S=R=1$，触发器 $Q=\overline{Q}=1$。时钟脉冲过后，触发器的状态不定。

【例 3】　如图 4—10 所示，该电路是由同步 RS 触发器组成的计数器。计数器是指触发器对 CP 进行计数，即来一个 CP，触发器翻转一次，输出 Q 在 0 和 1 两个状态之间交替变化。计数脉冲从 CP 端输入，R 和 S 分别由 Q 和 $\overline{Q}$ 反馈自锁，不再外加输入信号。试分析它产生空翻的原因，并提出改进意见。

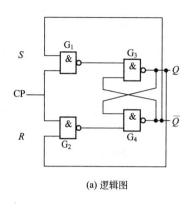

(a) 逻辑图

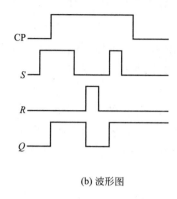

(b) 波形图

图 4—10 同步 RS 触发器组成的计数器

解：因为该计数器输出端的变化要反映 CP 脉冲的个数，所以要求每作用一个 CP，触发器只允许翻转一次。

设同步 RS 触发器的原始状态为 0，CP 为低电平时，同步 RS 触发器的输出状态保持不变。当 CP 正脉冲到来变为高电平时，G_1 的输入全为 1，Q_1 由 1 变 0，0 信号输入 G_3，结果使输出 Q 由 0 变 1，而 $\overline{Q}$ 由 1 变 0。这时如果 CP 继续保持高电平，就会因为 Q 端反馈到 R 端的 1 信号，使 G_2 的输入全为 1 而输出 0，又使 $\overline{Q}$ 由 0 翻转为 1，致使 Q 重新回到 0。如果 CP=1 仍旧存在，触发器将如此不停地翻转，即连续引起新的空翻。若要采取减小 CP 宽度的办法消除空翻，按本电路的结构，CP 的脉冲宽度要限制在三个门的传输时间之内，工程上很难在一个系统中采用这么苛刻的脉冲作为时钟信号。

正是因为存在空翻现象，同步 RS 触发器不能接成计数状态。

由这个例题可知，为了让触发器可靠地翻转，就必须克服空翻现象，要对同步 RS 触发器进行改进，采用性能更好的触发器。为此，又陆续产生了多种结构的触发器。下面将要介绍的是常用的几种改进的触发器。

4.4 主从触发器

4.4.1 主从 JK 触发器

主从 JK 触发器是由两个同步 RS 触发器串联组成的，其中一个直接接收输入信号，称为主触发器；另一个接收主触发器的输出信号，称为从触发器，如图 4—11 所示。两个触发器的 CP 信号互补。J 和 K 是信号输入端，CP 控制主触发器和从触发器的翻转。

当 CP=0 时，主触发器状态不变，从触发器输出状态与主触发器的输出状态相同。

当 CP=1 时，输入 J、K 影响主触发器，而从触发器状态不变。当 CP 从 1 变成 0 时，主触发器的状态传送到从触发器，即主从触发器是在 CP 下降沿到来时才使触发器翻转的。

下面分四种情况来分析主从 JK 触发器的逻辑功能。

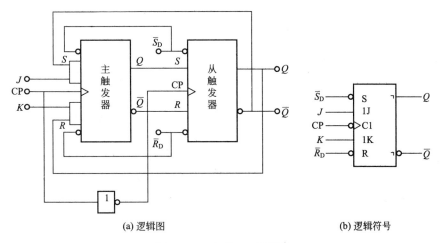

(a) 逻辑图   (b) 逻辑符号

图 4—11 主从 JK 触发器

1. 当 $J=1$，$K=1$ 时

设 CP 到来之前（CP=0）触发器的初始状态为 0。这时主触发器的 $R=KQ^n=0$，$S=J\overline{Q^n}=1$，CP 到来后（CP=1），主触发器翻转成 1 态。当 CP 从 1 下跳为 0 时，主触发器状态不变，从触发器的 $R=0$，$S=1$，它也翻转成 1 态；反之，设触发器的初始状态为 1。可以同样分析，主、从触发器都翻转成 0 态。

可见，JK 触发器在 $J=1$，$K=1$ 的情况下，来一个时钟脉冲就翻转一次，即 $Q^{n+1}=\overline{Q^n}$，具有计数功能。

2. 当 $J=0$，$K=0$ 时

设触发器的初始状态为 0，当 CP=1 时，由于主触发器的 $R=0$，$S=0$，它的状态保持不变。当 CP 下跳时，由于从触发器的 $R=1$，$S=0$，它的输出为 0 态，即触发器保持 0 态不变。如果初始状态为 1，触发器亦保持 1 态不变。

3. 当 $J=1$，$K=0$ 时

设触发器的初始状态为 0。当 CP=1 时，由于主触发器的 $R=0$，$S=1$，它翻转成 1 态。当 CP 下跳时，由于从触发器的 $R=0$，$S=1$，也翻转成 1 态。如果触发器的初始状态为 1，当 CP=1 时，由于主触发器的 $R=0$，$S=0$，它保持原态不变；在 CP 从 1 下跳为 0 时，由于从触发器的 $R=0$，$S=1$，也保持 1 态。

4. 当 $J=0$，$K=1$ 时

设触发器的初始状态为 1 态。当 CP=1 时，由于主触发器的 $R=1$，$S=0$，它翻转成 0 态。当 CP 下跳时，从触发器也翻转成 0 态。如果触发器的初始状态为 0 态，当 CP=1 时，由于主触发器的 $R=0$，$S=0$，它保持原态不变；在 CP 从 1 下跳为 0 时，由于从触发器的 $R=1$，$S=0$，也保持 0 态。

由以上分析结果可得，主从 JK 触发器的特性表如表 4—3 所示。

表 4—3   主从 JK 触发器的特性表

J	K	Q^n	Q^{n+1}	功能说明
0	0	0	0	触发器保持原态不变，$Q^{n+1}=Q^n$
0	0	1	1	

67

（续前表）

J	K	Q^n	Q^{n+1}	功能说明
0	1	0	0	触发器置0，$Q^{n+1}=0$
0	1	1	0	
1	0	0	1	触发器置1，$Q^{n+1}=1$
1	0	1	1	
1	1	0	1	触发器翻转，$Q^{n+1}=\overline{Q^n}$
1	1	1	0	

由上述逻辑关系可得到主从 JK 触发器的逻辑表达式：

$$Q^{n+1}=J\,\overline{Q^n}+\overline{K}Q^n$$

由此可得主从 JK 触发器的状态图如图 4—12 所示。

【例4】　已知主从 JK 触发器的输入 J、K 和 CP 的波形如图 4—13 所示。设触发器初始状态为 0 态，试画出 Q 的波形。

解：第一个 CP 下降沿到来之前，$J=1$，$K=0$，触发后 $Q=1$。

第二个 CP 下降沿到来之前，$J=0$，$K=1$，触发后 $Q=0$。

第三个 CP 下降沿到来之前，$J=1$，$K=1$，触发后 $Q=1$。

第四个 CP 下降沿到来之前，$J=0$，$K=0$，触发后 $Q=1$。

输出 Q 的波形如图 4—13 所示。

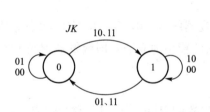

图 4—12　主从 JK 触发器的状态图

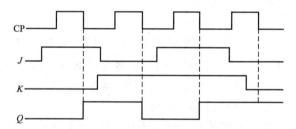

图 4—13　主从 JK 触发器的波形图

【例5】　在图 4—11 所示的主从 JK 触发器中，已知 J、K 和 CP 的波形如图 4—14(a) 所示，试画出 Q 和 $\overline{Q}$ 的波形图。

解：根据主从 JK 触发器的特性表画出输出 Q 和 $\overline{Q}$ 的波形，如图 4—14(b) 所示。

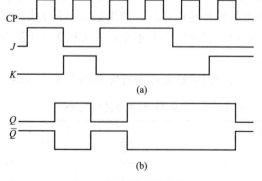

图 4—14　例 5 波形图

68

4.4.2　D 触发器

主从 JK 触发器是在 CP 高电平期间接收信号，如果在 CP 高电平期间输入端出现干扰信号，那么就有可能使触发器产生与特性表不符合的错误状态。边沿触发器的电路结构可使触发器在 CP 有效触发沿到来前一瞬间接收信号，在有效触发沿到来后产生状态转换。这种电路结构的触发器大大提高了抗干扰能力和电路工作的可靠性。下面以维持阻塞型 D 触发器为例介绍边沿触发器的工作原理。

维持阻塞型 D 触发器的逻辑图和逻辑符号如图 4—15 所示。

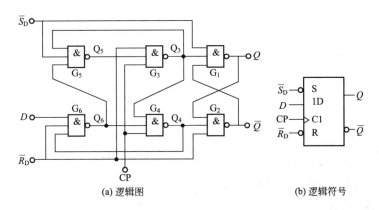

(a) 逻辑图　　　　　　　　(b) 逻辑符号

图 4—15　维持阻塞型 D 触发器

该触发器由 6 个与非门组成，其中 G_1、G_2 构成基本 RS 触发器，G_3、G_4 组成时钟控制电路，G_5、G_6 组成数据输入电路。$\overline{R_D}$ 和 $\overline{S_D}$ 分别是直接置 0 和直接置 1 端，有效电平为低电平。分析工作原理时，设 $\overline{R_D}$ 和 $\overline{S_D}$ 均为高电平，不影响电路的工作。电路工作过程如下：

(1) CP＝0 时，与非门 G_3 和 G_4 封锁，其输出为 1，触发器的状态不变。同时，由于 Q_3 至 G_5 和 Q_4 至 G_6 的反馈信号将这两个门 G_5、G_6 打开，因此可接收输入信号 D，使 $Q_6＝\overline{D}$，$Q_5＝\overline{Q_6}＝D$。

(2) 当 CP 由 0 变 1 时，门 G_3 和 G_4 打开，它们的输出 Q_3 和 Q_4 的状态由 G_5 和 G_6 的输出状态决定。$Q_3＝\overline{Q_5}＝\overline{D}$，$Q_4＝\overline{Q_6}＝D$。由基本 RS 触发器的逻辑功能可知，$Q＝D$。

(3) 触发器翻转后，在 CP＝1 时输入信号被封锁。门 G_3 和 G_4 打开后，它们的输出 Q_3 和 Q_4 的状态是互补的，即必定有一个是 0，若 Q_4 为 0，则经 G_4 输出端至 G_6 输入的反馈线将 G_6 封锁，即封锁了 D 通往基本 RS 触发器的路径；该反馈线起到了使触发器维持在 0 状态和阻止触发器变为 1 状态的作用，故该反馈线称为置 0 维持线，置 1 阻塞线。G_3 为 0 时，将 G_4 和 G_5 封锁，D 端通往基本 RS 触发器的路径也被封锁；G_3 输出端至 G_5 输入的反馈线起到使触发器维持在 1 状态的作用，称为置 1 维持线；G_3 输出端至 G_4 输入的反馈线起到阻止触发器置 0 的作用，称为置 0 阻塞线。因此，该触发器称为维持阻塞触发器。

由上述分析可知，维持阻塞 D 触发器在 CP 的上升沿产生状态变化，触发器的次态取决于 CP 上升沿前 D 端的信号，而在上升沿后，输入 D 端的信号变化对触发器的输出状态没有影响。如在 CP 的上升沿到来前 $D=0$，则在 CP 的上升沿到来后，触发器置 0；如在 CP 的上升沿到来前 $D=1$，则在 CP 的上升沿到来后触发器置 1。维持阻塞 D 触发器的真值表如表 4—4 所示。

表 4—4   D 触发器的真值表

D	Q^n	Q^{n+1}	功能说明
0	0	0	置"0"
0	1	0	
1	0	1	置"1"
1	1	1	

由上述逻辑关系可得到 D 触发器的逻辑表达式：

$$Q^{n+1}=D$$

由此可得 D 触发器的状态图如图 4—16 所示。

由于 D 触发器有置 0、置 1 功能，所以常常用来作锁存器。

【例 6】 已知上升沿触发的 D 触发器输入 D 和 CP 的波形如图 4—17 所示，试画出 Q 端波形。设触发器初态为 0。

解：该 D 触发器是上升沿触发，即在 CP 的上升沿过后，触发器的状态等于 CP 上升沿前 D 的状态。所以第一个 CP 过后，$Q=1$；第二个 CP 过后，$Q=0$；……。波形如图 4—17 所示。

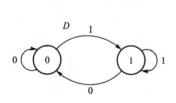

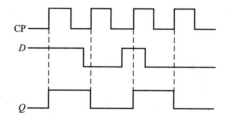

图 4—16 D 触发器的状态图   图 4—17 维持阻塞 D 触发器的波形图

D 触发器在 CP 上升沿前接收输入信号，上升沿触发翻转，即触发器的输出状态变化比输入端 D 的状态变化延迟，这就是 D 触发器的由来。

4.4.3 T 和 T′触发器

主从 JK 触发器的 J 端和 K 端都连接在一起，作为 T 端，构成了 T 触发器，如图 4—18 所示，状态图及真值表如图 4—19 和表 4—5 所示。逻辑表达式为：

$$Q^{n+1}=\overline{T}Q^n+T\overline{Q^n}$$

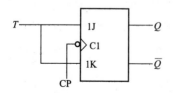

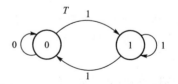

图 4—18 T 触发器   图 4—19 T 触发器的状态图

表 4—5 T 触发器真值表

T	Q^n	Q^{n+1}	功能说明	T	Q^n	Q^{n+1}	功能说明
0	0	0	保持	1	0	1	翻转
0	1	1		1	1	0	

主从 JK 触发器的 J 端和 K 端都连接在一起，并接高电平"1"，便构成了 T′触发器，如图 4—20 所示，状态图及真值表如图 4—21 和表 4—6 所示。逻辑表达式为：

$$Q^{n+1}=\overline{Q^n}$$

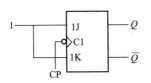
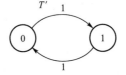

图 4—20 T′触发器   图 4—21 T′触发器的状态图

表 4—6 T′触发器真值表

T'	Q^n	Q^{n+1}	功能说明
1	0	1	翻转
1	1	0	

为了便于学习，现将各种不同逻辑功能触发器的特点与功能进行总结，如表 4—7 所示。

表 4—7 各种不同逻辑功能触发器的特点与功能

名称	同步 RS 触发器		JK 触发器		D 触发器		T 触发器		T′触发器	
	$R\ S$	Q^{n+1}	$J\ K$	Q^{n+1}	D	Q^{n+1}	T	Q^{n+1}	T'	Q^{n+1}
特性表	0 0	Q^n	0 0	Q^n	0	Q^n	0	Q^n	1	$\overline{Q^n}$
	0 1	1	0 1	1						
	1 0	0	1 0	0	1	$\overline{Q^n}$	1	$\overline{Q^n}$		
	1 1	不定	1 1	$\overline{Q^n}$						
特性方程	$Q^{n+1}=S+\overline{R}Q^n$ (约束条件 $RS=0$)		$Q^{n+1}=$ $J\overline{Q^n}+\overline{K}Q^n$		$Q^{n+1}=D$		$Q^{n+1}=$ $\overline{T}Q^n+TQ^n$		$Q^{n+1}=\overline{Q^n}$	
状态图	(状态图)		(状态图)		(状态图)		(状态图)		(状态图)	
功能	置"0"、置"1"、保持		置"0"、置"1"、保持、翻转		置"0"、置"1"		保持、翻转		翻转	

4.5 不同逻辑功能触发器之间的转换

触发器按逻辑功能不同分为 RS 触发器、JK 触发器、D 触发器、T 触发器和 T′触发器等，但最常见的集成触发器是 JK 触发器和 D 触发器。T 和 T′ 触发器没有集成产品，需要时，可用其他触发器转换成 T 或 T′ 触发器。JK 触发器与 D 触发器之间的功能也是可以互相转换的。在实际应用中，有时可以将一种类型的触发器，通过外接一定的逻辑电路后转换成另一种类型的触发器。触发器类型转换示意图如图 4—22 所示。

触发器转换的步骤如下：

（1）写出给定触发器和待求触发器的特性方程。

（2）变换待求触发器的特性方程，使其形式与给定触发器的特性方程一致。

（3）比较给定触发器和待求触发器的特性方程，根据两个方程相等的原则求出转换逻辑。

（4）根据转换逻辑画出逻辑电路图。

4.5.1　JK 触发器转换为其他逻辑功能触发器

1. 从 JK 触发器到 D 触发器的转换

（1）写出 JK 触发器和 D 触发器的特性方程。

JK 触发器的特性方程为 $Q^{n+1}=J\overline{Q^n}+\overline{K}Q^n$。

D 触发器的特性方程为 $Q^{n+1}=D$。

（2）变换待求触发器的特性方程。

D 触发器的特性方程变换为 $Q^{n+1}=D=D(\overline{Q^n}+Q^n)=D\overline{Q^n}+DQ^n$。

（3）转换逻辑。比较上两式，可得 J、K 端的驱动方程 $J=D$ 和 $K=\overline{D}$。

（4）画出逻辑电路图。将 D 和 $\overline{D}$ 分别输入到 JK 触发器的 J 端和 K 端，便可得到 D 触发器，逻辑图如图 4—23 所示。

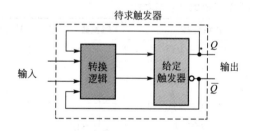

图 4—22　触发器类型转换示意图

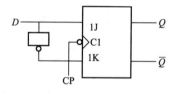

图 4—23　由 JK 触发器转换成的 D 触发器逻辑图

2. 从 JK 触发器到 T 触发器的转换

（1）写出 JK 触发器和 T 触发器的特性方程。

JK 触发器的特性方程为 $Q^{n+1}=J\overline{Q^n}+\overline{K}Q^n$。

T 触发器的特性方程为 $Q^{n+1}=T\overline{Q^n}+\overline{T}Q^n$。

（2）变换待求触发器的特性方程。T 触发器的特性方程与 JK 触发器的特性方程形式一样，不用变换。

（3）转换逻辑。比较以上两个特性方程，可得 J、K 端的驱动方程 $J=T$ 和 $K=T$。

（4）画出逻辑电路图。将 JK 触发器 J 端和 K 端同时输入 T 信号即可得到 T 触发器，逻辑图如图 4—18 所示。

3. 从 JK 触发器到 T' 触发器的转换

（1）写出 JK 触发器和 T' 触发器的特性方程。

JK 触发器的特性方程为 $Q^{n+1}=J\overline{Q^n}+\overline{K}Q^n$。

T' 触发器的特性方程为 $Q^{n+1}=\overline{Q^n}$。

（2）变换待求触发器的特性方程。

T' 触发器的特性方程变换为 $Q^{n+1}=\overline{Q^n}=1\cdot\overline{Q^n}+0\cdot Q^n$。

（3）转换逻辑。比较上两式，可得 J、K 端的驱动方程 $J=K=1$。

（4）画出逻辑电路图。将 JK 触发器 J 端和 K 端同时输入信号 1，就转换成 T' 触发器，逻辑图如图 4—20 所示。

4. 从 JK 触发器到 RS 触发器的转换

如果考虑约束条件 $RS=0$，则 JK 触发器可直接作为 RS 触发器来使用。

4.5.2　D 触发器转换为其他逻辑功能触发器

1. 从 D 触发器到 RS 触发器的转换

（1）写出 D 触发器和 RS 触发器的特性方程。

D 触发器的特性方程为 $Q^{n+1}=D$。

RS 触发器的特性方程为 $Q^{n+1}=S+\overline{R}Q^n$。

（2）变换待求触发器的特性方程。D 触发器的特性方程只有一个输入信号且输出等于输入，不用变换 RS 触发器的特性方程。

（3）转换逻辑。比较上两式，可得 D 端的驱动方程 $D=S+\overline{R}Q^n$。

（4）画出逻辑电路图。用与非门实现这一转换的逻辑图如图 4—24 所示。

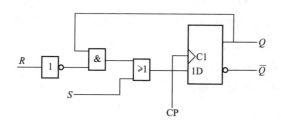

图 4—24　由 D 触发器转换成的 RS 触发器逻辑图

需要注意的是，这种转换得到的 RS 触发器，当 $RS=1$ 时，$Q^{n+1}=1$，不再是前面所讲的不定状态。

2. 从 D 触发器到 JK 触发器的转换

（1）写出 D 触发器和 JK 触发器的特性方程。

D 触发器的特性方程为 $Q^{n+1}=D$。

JK 触发器的特性方程为 $Q^{n+1}=J\overline{Q^n}+\overline{K}Q^n$。

（2）变换待求触发器的特性方程。D 触发器的特性方程只有一个输入信号且输出等于输入，不用变换 JK 触发器的特性方程。

（3）转换逻辑。比较上两式，可得 D 端的驱动方程 $D=J\overline{Q^n}+\overline{K}Q^n$。

（4）画出逻辑电路图。用几个门电路实现这一转换的逻辑图如图 4—25 所示。

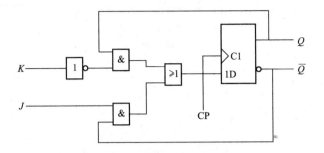

图4—25　由D触发器转换成的JK触发器逻辑图

3. 从D触发器到T触发器的转换

(1) 写出D触发器和T触发器的特性方程。

D触发器的特性方程为$Q^{n+1}=D$。

T触发器的特性方程为$Q^{n+1}=\overline{T}Q^n+T\overline{Q^n}$。

(2) 变换待求触发器的特性方程。D触发器的特性方程只有一个输入信号且输出等于输入，不用变换T触发器的特性方程。

(3) 转换逻辑。比较上两式，可得D端的驱动方程$D=\overline{T}Q^n+T\overline{Q^n}$。

(4) 画出逻辑电路图。用与非门实现这一转换的逻辑图如图4—26所示。

4. 从D触发器到T′触发器的转换

(1) 写出D触发器和T′触发器的特性方程。

D触发器的特性方程为$Q^{n+1}=D$。

T′触发器的特性方程为$Q^{n+1}=\overline{Q^n}$。

(2) 变换待求触发器的特性方程。D触发器的特性方程只有一个输入信号且输出等于输入，不用变换T′触发器的特性方程。

(3) 转换逻辑。比较上两式，可得D端的驱动方程为$D=\overline{Q^n}$。

(4) 画出逻辑电路图。可将D触发器连接成图4—27所示的形式。

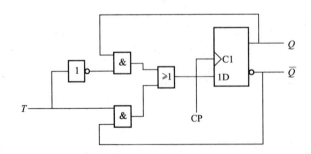

图4—26　由D触发器转换成的T触发器逻辑图

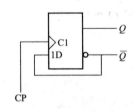

图4—27　由D触发器转换成的T′触发器逻辑图

习　题　4

1. 触发器有什么作用和特点？

2. 触发器有哪几种常见的结构形式？它们各有什么动作特点？

3. 试分别写出 RS 触发器、JK 触发器、D 触发器、T 触发器的特性方程和功能表。

4. 触发器逻辑功能转换有何意义？转换的方法是什么？

5. 设基本 RS 触发器的初始状态为 1，逻辑图如图 4—28(a) 所示，已知输入信号 R、S 的波形如图 4—28(b) 所示，请画出 Q 和 $\overline{Q}$ 的波形图。

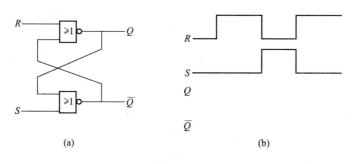

图 4—28

6. 设同步 RS 触发器的初始状态为 1，R、S 和 CP 端的输入信号如图 4—29 所示，画出相应的 Q 和 $\overline{Q}$ 的波形图。

7. 设主从 JK 触发器的初始状态为 1，请画出在如图 4—30 所示的 CP、J 和 K 信号作用下触发器 Q 和 $\overline{Q}$ 端的波形图。

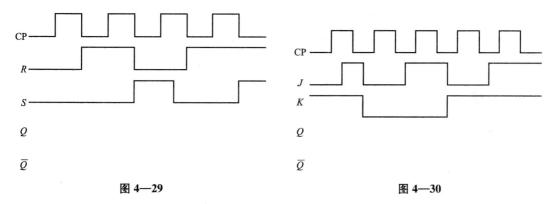

图 4—29   图 4—30

8. 设维持阻塞型 D 触发器的初始状态为 1，试画出在如图 4—31 所示的 CP 和 D 信号作用下触发器 Q 端的波形图。

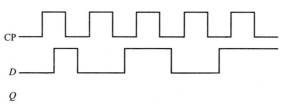

图 4—31

9. 如图 4—32 所示电路，初始状态为 1，试画出在 CP、A 和 B 信号作用下 Q 端的波形图，并写出触发器次态的函数表达式。

10. 写出图 4—33 中各触发器的特性方程。

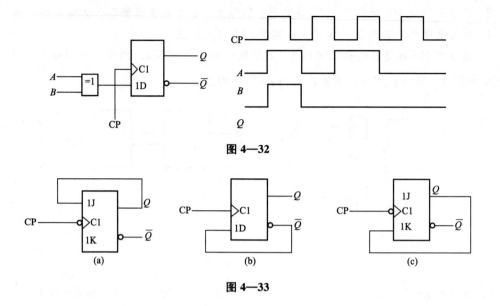

图 4—32

图 4—33

第5章 时序逻辑电路

 课前导读

数字时序电路广泛应用于家用电器、工业电器等，几乎在所有电子新产品的开发过程中都会碰到数字时序电路的逻辑设计问题。

案例1：

寄存器是 CPU 内部的元件，是存放数据的一些小型存储区域，用来暂时存放参与运算的数据和运算结果。它拥有非常高的读写速度，所以在寄存器之间的数据传送非常快。其实，寄存器就是一种常用的时序逻辑电路，但这种时序逻辑电路只包含存储电路，它是由锁存器或触发器构成的，因为一个锁存器或触发器能存储 1 位二进制数，所以由 N 个锁存器或触发器可以构成 N 位寄存器。CPU 中的通用寄存器组如图 5—1 所示。

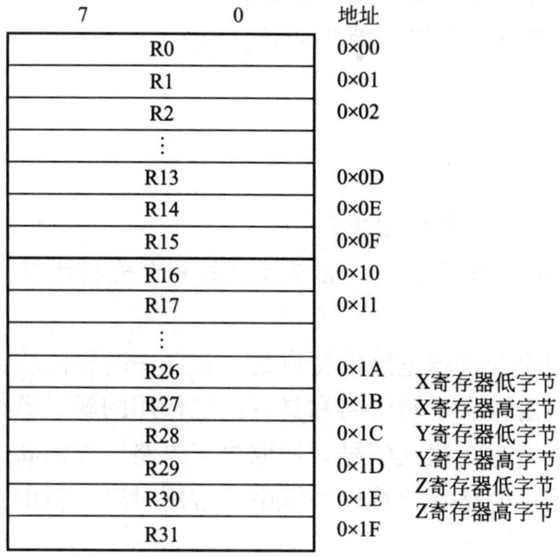

7	0	地址	
R0		0×00	
R1		0×01	
R2		0×02	
⋮			
R13		0×0D	
R14		0×0E	
R15		0×0F	
R16		0×10	
R17		0×11	
⋮			
R26		0×1A	X寄存器低字节
R27		0×1B	X寄存器高字节
R28		0×1C	Y寄存器低字节
R29		0×1D	Y寄存器高字节
R30		0×1E	Z寄存器低字节
R31		0×1F	Z寄存器高字节

图 5—1　通用寄存器组

案例2：

计数器是数字系统中使用最多的时序逻辑电路，它在计算机和其他数字系统中起着非常重要的作用。交通灯的状态倒计时要通过减法计数器来实现，每来一个秒脉冲，使计数器减1，直到计数器为 0 而停止。尘埃粒子计数器是用于测量洁净环境中单位空气体积内尘埃粒子数和粒径分布的仪器。尘埃粒子计数器广泛应用于医药、电子、精密机械、彩管制造、微生物等行业中，实现对各种洁净等级的工作台、净化室、净化车间的净化效果、洁净级别进行监控，以确保产品的质量，其实物图和工作原理如图5—2所示。

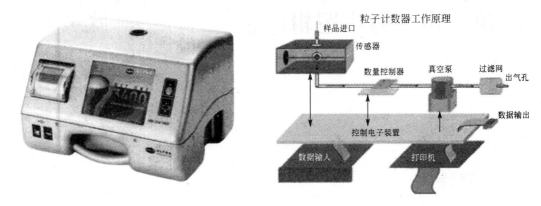

图 5—2　粒子计数器的实物图和工作原理图

本章的主要内容是学习时序逻辑电路的分析与设计方法，并能通过对各种门电路和触发器的连接，可以设计出满足各种功能要求的数字逻辑电路，这也是本章学习的重点内容。

能力目标

- 掌握时序逻辑电路的分析方法；
- 掌握常见时序逻辑器件寄存器的功能分析；
- 掌握常见时序逻辑器件计数器的功能分析。

知识目标

- 掌握描述时序逻辑电路的分析方法；
- 理解数码寄存器、移位寄存器、二进制计数器和十进制计数器的工作原理。

在第 3 章中已讨论的组合逻辑电路的特点是，在任一时刻的输出状态仅取决于当时的输入信号。而时序逻辑电路由组合逻辑电路和具有记忆作用的触发器构成，其特点是在任一时刻的输出信号不仅取决于当时的输入信号，还取决于电路原先的状态，这就是时序逻辑电路的记忆功能。因此，在数字电路和计算机系统中，常用时序逻辑电路组成各种寄存器、存储器和计数器等。

5.1　时序逻辑电路分析

5.1.1　时序逻辑电路的特点

时序逻辑电路由存储单元和组合逻辑电路构成，存储单元可用来保存原来的输出状态，并反馈到输入端，与输入信号共同决定组合电路的输出。因此，电路某一时刻的输出状态不仅取决于电路的输入状态，还取决于电路原来的输出状态。组合逻辑电路与时序逻辑电路的特点用图5—3和表5—1介绍如下。

时序逻辑电路按照工作方式的不同，可分为同步时序逻辑电路和异步时序逻辑电路。

（1）同步时序逻辑电路的特点是所有触发器由同一个时钟信号控制，仅当时钟信号到来时，电路的状态才能发生变化，而且只改变一次。时钟信号起着同步的作用。

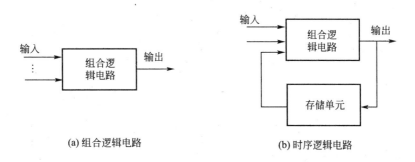

(a) 组合逻辑电路　　　　　　　　　　　(b) 时序逻辑电路

图 5—3　两种逻辑电路的结构示意图

表 5—1　　　　　　　　　　　　两种逻辑电路的特点对比

组合逻辑电路	时序逻辑电路
由门电路组成	由组合逻辑电路及存储单元组成
无存储单元	有存储单元（由触发器构成）
输入与输出之间无反馈	输入与输出之间有反馈
输出仅取决于当时的输入	输出与输入及原存储状态有关
线路特性可以只用输出函数描述	线路特性用输出函数及次态函数描述

（2）在异步时序逻辑电路中，各触发器的时钟信号不完全相同，而且时钟信号不仅决定状态变化时刻，还对触发器的状态变化有直接的作用，所以异步时序逻辑电路的分析要比同步时序逻辑电路复杂一些，但是思路和方法是一致的。

下面重点介绍同步时序逻辑电路的分析方法。

5.1.2　同步时序逻辑电路分析

时序逻辑电路分析，就是分析电路的逻辑功能，即根据已知的逻辑电路图，找出电路状态和输出状态在输入变量和时钟脉冲作用下的变化规律。

分析时序逻辑电路的一般步骤如下：

（1）写驱动方程。根据给定的逻辑图，写出每个触发器的驱动方程，即触发器输入端的逻辑表达式。

（2）写状态方程。将驱动方程代入到每个触发器的特性方程，得到每个触发器的输出状态的方程，即逻辑电路的状态方程。

（3）写输出方程。根据逻辑电路写出整个电路的输出方程。

（4）列出真值表，并由真值表作出状态图、状态表或时序图等。这里要注意分析的是从现态到次态。

(5) 分析确定逻辑电路的功能和特点。

以上是时序逻辑电路分析的一般步骤,下面通过几个例子介绍具体分析方法。

【例1】 分析图5—4所示时序逻辑电路的逻辑功能。

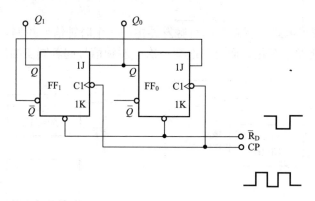

图5—4 例1时序逻辑电路

解:按照时序逻辑电路分析方法,步骤如下。

(1) 写出每个触发器的驱动方程:

$$J_0 = \overline{Q_1^n}, \quad K_0 = 1$$

$$J_1 = Q_0^n, \quad K_1 = 1$$

(2) 把驱动方程代入每个触发器的特性方程:

$$Q^{n+1} = J\overline{Q^n} + \overline{K}Q^n$$

得到每个触发器的输出状态的方程:

$$Q_0^{n+1} = \overline{Q_1^n}\,\overline{Q_0^n}$$

$$Q_1^{n+1} = \overline{Q_1^n}Q_0^n$$

(3) 根据逻辑电路写出整个电路的输出方程。由逻辑电路可知,这个电路的状态方程就是输出方程。

(4) 列出真值表(见表5—2),并由真值表作出状态图(见图5—5)和波形图(见图5—6)。

表5—2 例1时序逻辑电路的真值表

现态		触发器输入				次态	
Q_1^n	Q_0^n	J_1	K_1	J_0	K_0	Q_1^{n+1}	Q_0^{n+1}
0	0	0	1	1	1	0	1
0	1	1	1	1	1	1	0
1	0	0	1	0	1	0	0
1	1	1	1	0	1	0	0

假设起始状态均为0,如真值表首行,这时的输入为0111。在脉冲的作用下输出次态为01。同理,现态为01时,在脉冲的作用下输出次态为10;现态为10时,在脉冲的作用下输出次态为00。通过分析可知,在10后即变为00,本电路不出现11状态。由此可得状态图如图5—5所示。

80

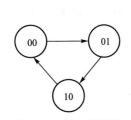

图 5—5 例 1 时序逻辑电路的状态图

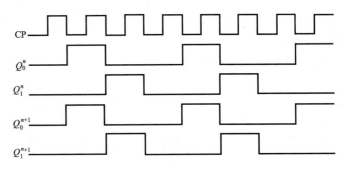

图 5—6 例 1 时序逻辑电路的波形图

由于该电路次态输出仅与现态有关,在同步脉冲作用下进行状态转换,没有状态转换条件。本电路的波形图如图 5—6 所示。

(5)分析确定逻辑电路的功能和特点。由状态图可以确定图 5—4 所示的逻辑电路是同步三进制计数器。

【例 2】 分析图 5—7 所示时序逻辑电路的逻辑功能。

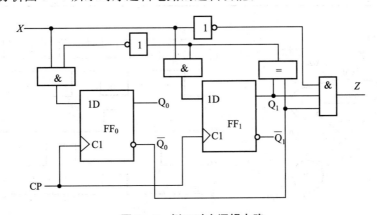

图 5—7 例 2 时序逻辑电路

解： 按照时序逻辑电路分析方法,步骤如下。

(1)写出每个触发器的驱动方程:

$$D_0 = X\overline{Q_1^n \odot \overline{Q_0^n}} = X(Q_1^n \oplus \overline{Q_0^n}) = X(Q_1^n \odot Q_0^n)$$

$$D_1 = X(Q_1^n \odot \overline{Q_0^n}) = X(Q_1^n \oplus Q_0^n)$$

(2)将驱动方程代入每个触发器的特性方程:

$$Q^{n+1} = D$$

得到每个触发器的输出状态的方程:

$$Q_0^{n+1} = D_0 = X(Q_1^n \odot Q_0^n)$$

$$Q_1^{n+1} = D_1 = X(Q_1^n \oplus Q_0^n)$$

(3)写出整个电路的输出方程:

$$Z = \overline{X}Q_1^n\overline{Q_0^n}$$

81

（4）列出真值表（见表 5—3），并由真值表作出状态图（见图 5—8）和波形图（见图 5—9）。

（5）分析确定逻辑电路的功能和特点。由真值表可知该电路是序列"110"检测器。

表 5—3 例 2 逻辑电路的真值表

输 入		输 出	
X	$Q_1^n Q_0^n$	$Q_1^{n+1} Q_0^{n+1}$	Z
0	0 0	0 0	0
	0 1	0 0	0
	1 0	0 0	1
	1 1	0 0	0
1	0 0	0 1	0
	0 1	1 0	0
	1 0	1 0	0
	1 1	0 1	0

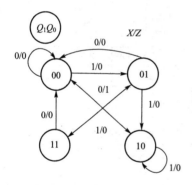

图 5—8 例 2 时序逻辑电路的状态图

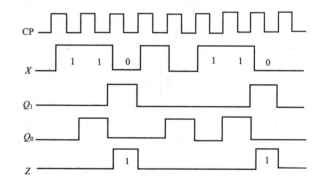

图 5—9 例 2 时序逻辑电路的波形图

【例 3】 分析图 5—10 所示的时序逻辑电路的逻辑功能。

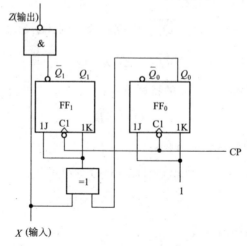

图 5—10 例 3 时序逻辑电路

82

解： 按照时序逻辑电路分析方法，步骤如下。

（1）写出每个触发器的驱动方程：

$$J_0 = K_0 = 1$$

$$J_1 = K_1 = X \oplus Q_0^n$$

（2）把驱动方程代入每个触发器的特性方程，得到每个触发器的输出状态的方程：

$$Q_0^{n+1} = \overline{Q_1^n}$$

$$Q_1^{n+1} = X \oplus Q_1^n \oplus Q_1^n$$

（3）写出整个电路的输出方程：

$$Z = \overline{\overline{X} \, \overline{Q_1^n}}$$

（4）列出真值表（见表 5—4）。

表 5—4   例 3 时序逻辑电路的真值表

输入			输出		
X	Q_1^n	Q_0^n	Q_1^{n+1}	Q_0^{n+1}	Z
0	0	0	0	1	1
0	0	1	1	0	1
0	1	0	1	1	1
0	1	1	0	0	1
1	0	0	1	1	0
1	1	1	1	0	1
1	1	0	0	1	1
1	0	1	0	0	0

由真值表作出状态图（见图 5—11）和波形图（见图 5—12）。

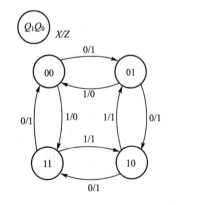

图 5—11 例 3 时序逻辑电路的状态图

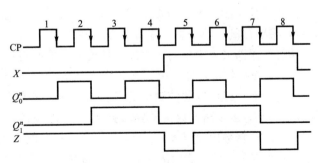

图 5—12 例 3 时序逻辑电路的波形图

（5）分析确定逻辑电路的功能和特点。

由状态图可以得出结论，本电路是一个同步可逆四进制计数器，$X=0$ 为递增计数器；$X=1$ 为递减计数器。

5.2 时序逻辑电路的应用

5.2.1 寄存器

在数字系统和计算机中，寄存器是用来存放二进制数据或代码的电路，一般由触发器构成。一个触发器可以存放一位二进制代码，存放 N 位二进制代码的寄存器需要由 N 个触发器构成。

寄存器必须要有控制信息的能力，否则就失去了寄存的意义。因此，寄存器由两部分组成，一部分是由触发器组成的存储电路；另一部分是由门电路组成的控制电路。

寄存器根据功能可分为数码寄存器和移位寄存器。

1. 数码寄存器

由 D 触发器组成的并行输入、并行输出四位数码寄存器如图5—13所示。使用前，直接在复位端加负脉冲将触发器清零。数码加在输入端 d_3、d_2、d_1、d_0 上，在 CP 上升沿的作用下，可将预先加在各 D 触发器输入端的数码存入相应的触发器，$Q_3Q_2Q_1Q_0=d_3d_2d_1d_0$，这样待存的四位数码就暂存到寄存器中。需要取出数码时，可从输出端 Q_3、Q_2、Q_1、Q_0 同时取出。

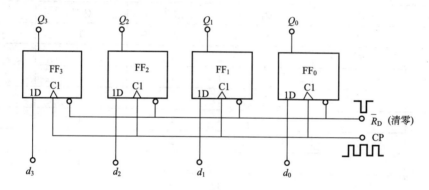

图5—13　由 D 触发器组成的四位数码寄存器

2. 移位寄存器

移位寄存器不仅具有寄存数码的功能，还具有移位功能。移位功能是指寄存器存储的数码能在移位脉冲的作用下，依次左移或右移，从而实现数据的串行—并行转换、数值的运算及数据处理等功能。N 位数据信息，按时间先后顺序输入寄存器的一个输入端，经过 N 个 CP 后，将串行的一组信息以并行的方式存储到寄存器当中。

移位寄存器又分为单向、双向两种类型，下面将分别进行介绍。

（1）单向移位寄存器。由 D 触发器组成的四位右移寄存器如图5—14所示。从图中可以看到，电路前一级触发器的输出 Q 依次接到下一级触发器的输入端 D，只有第一个 D 触发器的输入端 D_0 接收输入数码。数码从第一个触发器的 D_0 端串行输入，使用前先用 $\overline{R_D}$ 将各触发器清零。现将数码 $d_3d_2d_1d_0=1101$ 从高位到低位依次送到 D_0 端。

第一个 CP 过后，$Q_0=d_3=1$，其他触发器的输出状态仍为 0，即 $Q_0Q_1Q_2Q_3=1000$。第二个 CP 过后，$Q_0=d_2=1$，$Q_1=d_3=1$，而 $Q_2=Q_3=0$。经过四个 CP 后，$Q_0Q_1Q_2Q_3=d_0d_1d_2d_3=1011$，存数结束。各输出端状态如表5—5所示。如果继续送四个移位脉冲，就可以使寄存的这四位数码 1101 逐位从 Q_3 端输出，这种取数方式为串行输出方式。直接从 $Q_0Q_1Q_2Q_3$ 取数为并行输出方式。

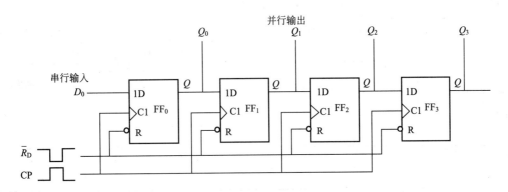

图 5—14　由 D 触发器组成的四位右移寄存器

表 5—5　　　　　　　　　　　　　　　　**四位右移寄存器状态表**

CP 顺序	输入 D_0	移位寄存器状态			
		Q_0	Q_1	Q_2	Q_3
0	0	0	0	0	0
1	1	1	0	0	0
2	1	1	1	0	0
3	0	0	1	1	0
4	1	1	0	1	1

（2）双向移位寄存器。双向移位寄存器是一个具有移位功能的寄存器，它所存的代码能够在移位脉冲的作用下依次左移或右移，只需要改变左、右移的控制信号便可实现双向移位要求。根据移位寄存器存取信息的方式不同可分为串入串出、串入并出、并入串出、并入并出四种形式。

下面介绍四位双向通用移位寄存器，型号为 CC40194，其逻辑符号及引脚排列如图 5—15所示。

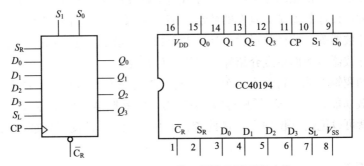

图 5—15　CC40194 的逻辑符号及引脚功能

其中，D_0、D_1、D_2、D_3 为并行输入端；Q_0、Q_1、Q_2、Q_3 为并行输出端；S_R 为右移串行输入端；S_L 为左移串行输入端；S_1、S_0 为操作模式控制端；$\overline{C_R}$ 为直接无条件清零端；CP为时钟脉冲输入端。

CC40194 有五种不同的操作模式：并行送数寄存、右移（方向由 $Q_0 \rightarrow Q_3$）、左移（方向由 $Q_3 \rightarrow Q_0$）、保持及清零。四位双向通用移寄存器功能表如表 5—6 所示。

表 5—6 四位双向通用移寄存器功能表

功能	输入									输出			
	CP	$\overline{C}_R$	S_1	S_0	S_L	S_R	D_0	D_1	D_2	D_3	Q_0	Q_1	Q_2	Q_3
清除	×	0	×	×	×	×	×	×	×	×	0	0	0	0
送数	↑	1	1	1	×	×	a	b	c	d	a	b	c	d
右移	↑	1	0	1	×	D_{SR}	×	×	×	×	D_{SR}	Q_0	Q_1	Q_2
左移	↑	1	1	0	D_{SL}	×	×	×	×	×	Q_1	Q_2	Q_3	D_{SL}
保持	↑	1	0	0	×	×	×	×	×	×	Q_0^n	Q_1^n	Q_2^n	Q_3^n
保持	0	1	×	×	×	×	×	×	×	×	Q_0^n	Q_1^n	Q_2^n	Q_3^n

S_1、S_0 和 $\overline{C}_R$ 端的控制作用如下：

① 清除：令 $\overline{C}_R=0$，其他输入均为任意态，这时寄存器输出 Q_0、Q_1、Q_2、Q_3 应均为 0。

② 送数：令 $\overline{C}_R=S_1=S_0=1$，送入任意四位二进制数 $D_0D_1D_2D_3=abcd$（如 0100），寄存器输出则为 $abcd$（如 0100）。

③ 右移：清零后，令 $\overline{C}_R=1$，$S_1=0$，$S_0=1$，由右移输入端 S_R 送入二进制数码如 0100，由 CP 端连续加四个脉冲，寄存器输出经过四次右移为 0100。

④ 左移：先清零或予置，再令 $\overline{C}_R=1$，$S_1=1$，$S_0=0$，由左移输入端 S_L 送入二进制数码如 1111，连续加四个 CP 脉冲，寄存器输出经过四次左移为 1111。

⑤ 保持：寄存器予置任意四位二进制数码 $abcd$，令 $\overline{C}_R=1$，$S_1=S_0=0$，加 CP，寄存器输出状态不变。

5.2.2 计数器

计数器是数字系统中使用最多的时序逻辑电路。它与寄存器的区别在于，寄存器如实存储数码，而计数器累计脉冲个数。计数器除了可以对脉冲计数外，还经常用于定时、分频、产生节拍脉冲以及进行数字运算。

计数器种类很多，常见的分类有：按计数器中触发器翻转的特点，可分为异步计数器和同步计数器两种；按计数器实际具有的数制功能，又可分为二进制计数器、十进制计数器、其他任意进制计数器等；按计数过程中计数器中数字的增减，还可以分为加法计数器、减法计数器、可逆计数器。下面重点介绍异步二进制计数器。

T' 触发器的逻辑功能是每输入一个 CP，它便翻转一次。因此，T' 触发器本身具备一位二进制数的计数功能。T' 触发器是下降沿翻转的，如果把第二个 T' 触发器接到第一个触发器的输出端，就可以记忆进位情况，依此类推，用 N 个 T' 触发器就能组成 N 位二进制计数器。

1. 异步计数器

（1）异步二进制加法计数器。图 5—16 所示的是由四个 D 触发器组成的四位二进制加法计数器，它的连接特点是将每只 D 触发器接成 T' 触发器，再由低位触发器的 $\overline{Q}$ 端和高一位的 CP 端相连接。

根据该计数器的工作情况，可以很容易地画出它的时序图（见图 5—17）。从时序图中可以直观地看出，高位的进位是在低位翻转之后才翻转的，整个计数器从低到高依次进行翻转，所以是异步计数器。

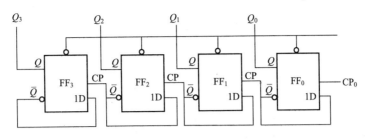

图 5—16　四位异步二进制加法计数器

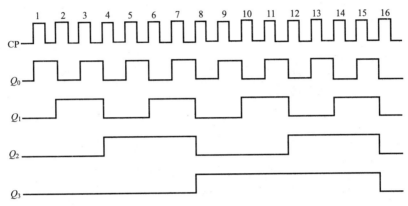

图 5—17　四位异步二进制加法计数器的时序图

从时序图中可以看出，Q_0 的频率为 CP_0 的 $1/2$，Q_1 的频率又是 Q_0 频率的 $1/2$，Q_2 的频率又是 Q_1 频率的 $1/2$，因此这种电路又被叫做分频器。每经过一级 T' 触发器，叫做二分频，依次可以有四分频、八分频、十六分频等。

最后讨论一下该计数器的计数容量，根据前面介绍的编码原理，有多少种状态，就能表示多少个数，对于 N 个触发器组成的 N 位二进制计数器，初始状态为 0，统计的脉冲个数最多为 2^N-1 个。

根据图 5—17 所示的时序图可以列出相应的状态转换表（见表 5—7）。

表 5—7　　　　　　　　　　四位异步二进制加法计数器的状态转换表

计数顺序	电路状态				等效十进制数
	Q_3	Q_2	Q_1	Q_0	
0	0	0	0	0	0
1	0	0	0	1	1
2	0	0	1	0	2
3	0	0	1	1	3
4	0	1	0	0	4
5	0	1	0	1	5
6	0	1	1	0	6
7	0	1	1	1	7
8	1	0	0	0	8
9	1	0	0	1	9

（续前表）

计数顺序	电路状态				等效十进制数
	Q_3	Q_2	Q_1	Q_0	
10	1	0	1	0	10
11	1	0	1	1	11
12	1	1	0	0	12
13	1	1	0	1	13
14	1	1	1	0	14
15	1	1	1	1	15
16	0	0	0	0	0

（2）异步二进制减法计数器。图 5—18 所示的是一个四位异步二进制减法计数器，它的时序图如图 5—19 所示，状态转换表见表 5—8。

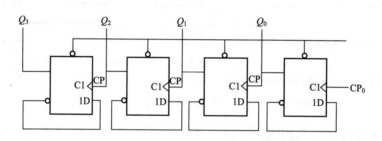

图 5—18　四位异步二进制减法计数器

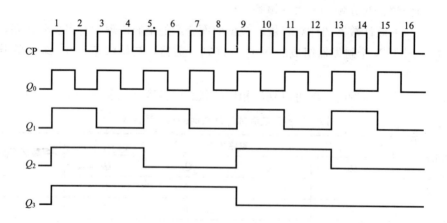

图 5—19　四位异步二进制减法计数器的时序图

表 5—8　　　　　　　　　　四位异步二进制减法计数器的状态转换表

计数顺序	电路状态				等效十进制数
	Q_3	Q_2	Q_1	Q_0	
0	0	0	0	0	0
1	1	1	1	1	15
2	1	1	1	0	14

（续前表）

计数顺序	电路状态				等效十进制数
	Q_3	Q_2	Q_1	Q_0	
3	1	1	0	1	13
4	1	1	0	0	12
5	1	0	1	1	11
6	1	0	1	0	10
7	1	0	0	1	9
8	1	0	0	0	8
9	0	1	1	1	7
10	0	1	1	0	6
11	0	1	0	1	5
12	0	1	0	0	4
13	0	0	1	1	3
14	0	0	1	0	2
15	0	0	0	1	1
16	0	0	0	0	0

把二进制加法计数器和二进制减法计数器比较一下，它们的共同点是都将低位触发器的输出信号接到了高位触发器的 CP 端。如果触发器是下降沿翻转的，加法计数器就是把 Q 端连接到高位，而减法计数器则是把 $\overline{Q}$ 端连接到高位；如果触发器是上升沿翻转的，加法计数器就是把 $\overline{Q}$ 端连接到高位，而减法计数器则是把 Q 端连接到高位。

习 题 5

1. 时序逻辑电路的特点是什么？

2. 时序逻辑电路的分析分哪几个步骤？

3. 说明时序逻辑电路和组合逻辑电路在逻辑功能上和结构上有什么不同？

4. 时序逻辑电路和 CP、U_1 的波形图如图 5—20 所示，触发器初态均为 0，画出 Q_1、Q_2 的波形图。

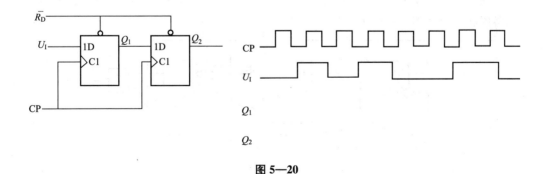

图 5—20

5. 如图 5—21 所示，已知输入信号 CP、A、B 的电压波形，设电路初始状态为 $Q=0$，

画出触发器输出端 Q 的波形。

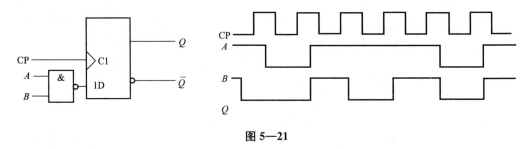

图 5—21

6. 分析如图 5—22 所示电路的逻辑功能，写出特性方程，并分析实现的逻辑功能。

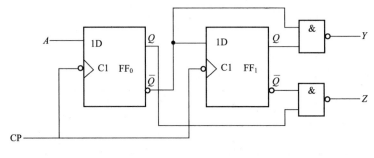

图 5—22

7. 分析图 5—23 所示电路的逻辑功能，写出特性方程，并分析实现的逻辑功能。

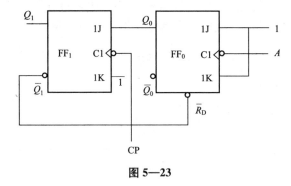

图 5—23

8. 分析图 5—24 所示电路的逻辑功能，写出电路的驱动方程、状态方程、输出方程，画出电路的状态转换图，检查电路能否自启动。

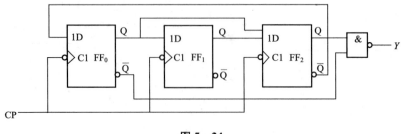

图 5—24

9. 分析图 5—25 所示电路的逻辑功能，写出电路的驱动方程、状态方程、输出方程，画出电路的状态转换图，检查电路能否自启动。

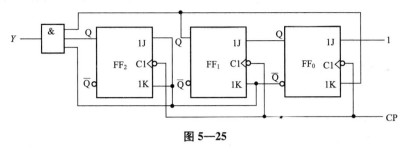

图 5—25

10. 分析图 5—26 所示电路的逻辑功能，列出特性表，画出状态转换图和时序图。

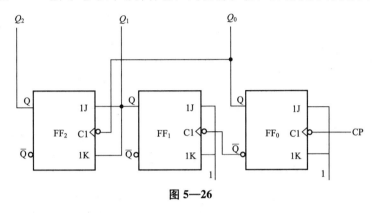

图 5—26

第6章 模-数与数-模转换

 课前导读

随着计算机科学与技术的迅猛发展，用数字电路进行信号处理的优势也更加突出。为了充分发挥和利用数字电路在信号处理上的强大功能，我们可以先将模拟信号按比例转换成数字信号，然后送到数字电路进行处理，最后再将处理结果根据需要转换为相应的模拟信号输出。

案例1：

在电机控制应用中，设计师必须解决电流电压监控、光编码器反馈和旋转变压器—数字转换等难题。这些过程对需要精确控制电机转速和机械运动的应用来说非常重要，比如工业流水线机器人和汽车助力驾驶等应用。所以，这些应用中所用的转换器必须速度快、同步取样、单调运算、无流水线延迟、体积小、功耗低。

在起重机、抽水机和鼓风机等多种工业应用中，电机工作在高温或危险环境。在这些应用中，内在安全性非常重要。有些应用需要高压隔离和安全操作，有些应用必须连接旋转变压器型位置检测器。电机的转速和位置可以通过监控电机每个相位的电流来判断。A－D转换器能非常精确地监控电流，因而对电机控制应用十分理想。图6—1所示的是一个调速电机控制装置。

案例2：

温度值是我们日常生产和生活中都会实时接触到的物理量，但是它是看不到的，仅凭感觉只能感觉到大概的温度值，传统的指针式的温度计虽然能指示温度，但是精度低，使用不够方便，显示不够直观，数字温度计的出现可以让人们直观地了解自己想知道的温度到底是多少度。数字温度计本身就是一种数字温度传感器，它会把温度转换成数字量以后将数据显示在数码管或者液晶屏上。数字温度计广泛应用于各类工矿企业、农业等。图6—2所示的是一个数字温度计。

计算机对声音这种信号不能直接处理，要把它转换成计算机能识别的数字信号，就要用到声卡中的DAC（数字-模拟转换），它可以把声音信号转换成数字信号。关于数字信号和模拟信号之间的转换是本章的重点。

图 6—1　调速电机控制装置

图 6—2　数字温度计

技能目标

- 掌握常用模-数转换芯片和常用数-模转换芯片结构和功能；
- 了解模-数与数-模转换器的主要技术指标。

知识目标

- 了解数-模转换和模-数转换的概念和实用意义；
- 了解模-数转换器的工作原理；
- 了解数-模转换器的工作原理。

　　自然界所存在的许多物理量，如语音、温度、压力等都是在数值和时间上连续变化的模拟量，它们是不能直接送入数字计算机等数字系统中进行处理的。为了使数字系统能够处理模拟信号，必须将模拟信号转换成数字信号，在数字系统处理完之后，将处理后的结果转换成模拟信号，再送到控制元件去执行。将模拟信号转换成数字信号（Analog to Digital，A - D）需要模拟数字转换器（Analog to Digital Converter，ADC），而将数字信号转换成模拟信号（Digital to Analog，D - A）需要数字模拟转换器（Digital to Analog Converter，DAC）。图 6—3 所示的是一个含有 A - D 与 D - A 转换的监控系统。

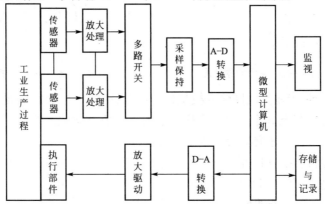

图 6—3　含有 A - D 与 D - A 转换的监控系统

6.1 模-数转换器

6.1.1 A-D转换器的基本原理

模-数转换器（A-D）的功能就是把模拟信号（Analog）转换成数字信号（Digital），在很多系统中，A-D转换是不可缺少的重要组成部分。例如，数字电压表是模拟量的数字化测量器件，它的核心部分就是A-D转换器。

A-D转换是将模拟输入电信号转换成数字量（二进制数或BCD码等），通常需要经过采样、保持、量化、编码四个过程，以便由计算机读取、分析处理，并依据它发出对生产过程的控制信号。一般模-数转换通道由传感器、信号处理、多路转换开关、采样保持器以及A-D转换器组成。

1. 采样-保持

采样-保持器是指在逻辑电平的控制下处于"采样"或"保持"两种工作状态的电路，采样-保持原理示意图如图6—4所示。采样器实质上是一个受控的模拟开关或传输门，在采样状态下，电路的输出跟踪输入模拟信号；在保持状态下，电路的输出保持着前一次采样结束时刻的瞬时输入模拟信号，直到进入下一次采样状态为止。

信号采样-保持过程如图6—5所示。模拟信号 v_i 加到采样器的输入端，在脉宽为 t_w、周期为 t_s 的采样脉冲 $s(t)$ 的控制下，脉冲 t_w 期间采样器开关闭合，传输门开启，输出端输出信号 $v_o = v_i$；在两个采样脉冲之间的 $t_s - t_w$ 时间内采样器开关断开，电路处于保持状态下，电路的输出保持着前一次采样结束时刻的瞬时输入模拟信号，直到进入下一次采样状态为止。

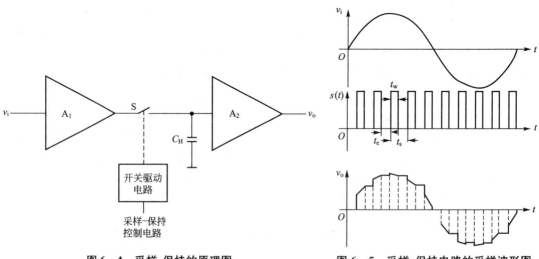

图6—4 采样-保持的原理图　　　　图6—5 采样-保持电路的采样波形图

为使采样信号能精确地复现原输入模拟信号，采样频率 f_s 必须满足 $f_s \geqslant 2f_{max}$。式中，f_{max} 为输入模拟信号的最高频率。虽说采样频率的理论值是如此，但真正在应用时，最好是接近10倍，因取样点越多才会有较好地还原效果。

采样-保持电路已有多种型号的单片集成电路产品，如双极型工艺的有 AD585、AD684；混合型工艺的有 AD1154、SHC76 等。

按照集成型采样-保持器的性能可分为如下几类：

（1）通用采样-保持器芯片，如 AD582、AD583、LF198、LF298 和 LF398 等。

（2）高速采样-保持器芯片，如 HTS-0025、THS-0060、THC-1500 和 ADSHM-5 等。

（3）高分辨率采样-保持器芯片，如 SHA1144、AD389 和 SHA6 等。

（4）超高速采样-保持器芯片，如 THS-0010（压摆率 300V/μs）和 HTC-0300（压摆率 250V/μs）等。

2. 量化与编码

数字信号不仅在时间上是离散的，而且在幅值上也是不连续的。任何一个数字量的大小只能是某个规定的最小数量单位的整数倍。为将模拟信号转换为数字量，在 A-D 转换过程中，还必须将采样-保持电路的输出电压，按某种近似方式归化到相应的离散电平上，这一转化过程称为数值量化，简称量化。量化后的数值最后还需通过编码过程用一个代码表示出来。经编码后得到的代码就是 A-D 转换器输出的数字量。

量化过程中所取最小数量单位称为量化单位，用 Δ 表示。最小量化单位取决于输入电压的范围和编码位数，如模拟输入电压范围为 0～1V，编码位数是 3 位，则最小量化单位为 $\Delta=\dfrac{1}{2^3}V=\dfrac{1}{8}V$。

在量化过程中，由于取样电压不一定能被 Δ 整除，所以量化前后不可避免地存在误差，此误差称之为量化误差，它是无法消除的。若量化位数（也称量化等级、量化精度）为 8 位，则可有 0～255 共 256 个值表示信号的幅度值；而当用 16 位量化时，则共有 65 536 个值。可见，A-D 转换器的量化位数越多，各离散电平之间的差值越小，量化误差越小。划分量化电平的两种方法如图 6—6 所示。

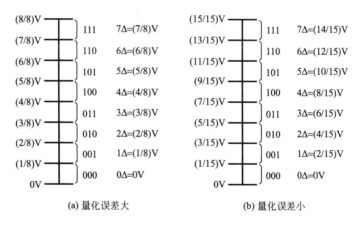

(a) 量化误差大　　　　　　　　　(b) 量化误差小

图 6—6　划分量化电平的两种方法

量化过程常采用两种近似量化方式：只舍不入量化方式和四舍五入量化方式。

A-D 转换器的种类很多，按其工作原理不同分为直接 A-D 转换器和间接 A-D 转换器两类。直接 A-D 转换器可将模拟信号直接转换为数字信号，这类 A-D 转换器具有较快的转换速度，其典型电路有并行比较型 A-D 转换器、逐次比较型 A-D 转换器；而间接 A-D 转换器则是先将模拟信号转换成某一中间电量（时间或频率），然后再将中间电量转换为数字量输出。此类 A-D 转换器的速度较慢，典型电路是双积分型 A-D 转换器、电压频率转换型 A-D 转换器。

6.1.2 A-D 转换器芯片 ADC0809

ADC0809 是采用 CMOS 工艺制成的单片 8 位 8 通道逐次渐近型模-数转换器，其逻辑框图及引脚图如图 6—7 所示。

器件的核心部分是 8 位 A-D 转换器，它由比较器、逐次渐近寄存器、D-A 转换器、控制和定时 5 部分组成。

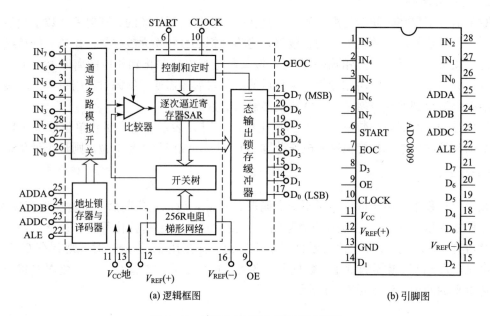

(a) 逻辑框图   (b) 引脚图

图 6—7 ADC0809 逻辑框图及引脚图

ADC0809 各引脚定义如下：

$D_7 \sim D_0$：8 位数字量输出引脚。

ADDA、ADDB、ADDC：通道地址选择信号。其中，ADDA 为低位，ADDC 为高位。ADDC、ADDB、ADDA 的 111～000 对应 $IN_7 \sim IN_0$。

START：A-D 转换启动信号。当 START 引脚出现一个宽度不小于 $100\mu s$ 的高电平时，使逐次逼近寄存器清 0，并启动 0809 开始转换。

ALE：地址锁存允许信号。当引脚出现一个宽度不小于 $100\mu s$ 的高电平时，锁存 ADDA、ADDB、ADDC 通道地址选择信号。

OE：允许输出信号。当 OE＝1 时，打开 0809 内部的输出锁存器，把 ADC 的转换结果送往数据总线 $D_0 \sim D_7$。

EOC：转换结束指示。该引脚在转换开始及转换中间均为低电平。转换结束后，EOC 呈现高电平，该引脚可用于向 CPU 提出中断请求。

$IN_0 \sim IN_7$：8 路模拟输入，具体由 ADDA、ADDB、ADDC 三位地址编码选择其中的一路。

$V_{REF}（＋）$、$V_{REF}（－）$：两个参考电压输入引脚。通常参考电压从 $V_{REF}（＋）$ 端引入，而 $V_{REF}（－）$ 与模拟地 AGND 相连。当 $VREF（＋）$ 接＋5V 时，输入电压范围为 0～＋5V。

CLOCK：时钟输入信号，要求频率为 10kHz～1.2MHz。典型值为 640kHz。

GND：ADC 的数字接地端。

6.1.3 A－D转换器的主要性能指标

1. 分辨率

分辨率表明了 A－D 转换器能够分辨最小的模拟信号的能力，即 $V/2n$（n 为转换的数据宽度）。分辨率仅表明了 A－D 转换器在理论上可以达到的精度。

2. 转换精度

转换精度是 A－D 转换器实际输出值和理想输出值的误差，可用绝对精度或相对精度来表示。

（1）绝对精度。绝对精度等于实际转换结果与理论转换结果之差，通常以数字量的最小有效位（LSB）的分数值来表示，如 $\pm 1LSB$、$\pm 1/2LSB$、$\pm 1/4LSB$ 等。

（2）相对精度。相对精度是绝对精度与模拟电压满量程的百分比。

3. 转换时间

转换时间是指模拟信号输入启动转换到转换结束，输出达到最终值并稳定所经历的时间。

6.2 数-模转换器

将数字（Digital）信号转换成模拟（Analog）信号，简称为数-模转换（D－A 转换）。D－A 转换器的种类很多，但无论何种形式的数-模转换器，其原理都是先把输入的二进制码转换成与其成正比例的电压或电流，然后相加得到与输入的数字信息成正比的模拟量。数-模转换芯片一般内部设有输入锁存器，能将计算机输入给它的数字量锁存下来，它需要有一级功率放大电路，将 D－A 输出的电流或电压放大到足以驱动执行机构。

6.2.1 全电阻网络 D－A 转换原理

图 6—8 所示为一种常用的 $R/2R$ 电阻网络 D－A 转换器。它包括由数码控制的双掷开关和由电阻构成的分流网络两部分。为了建立输出电流，在电阻分流网络的输入端接入参考电压 U_R。

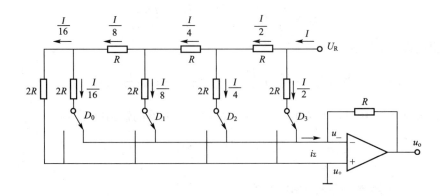

图 6—8 $R/2R$ 电阻网络 D－A 转换器原理图

由图 6—8 可知，运算放大器的反相输入端是虚地，所以无论数字量 D_0、D_1、D_2、D_3 控制的开关是接地还是虚地，流过各个支路的电流都保持不变。为计算流过各个支路的电流，可以把 $R/2R$ 电阻网络等效成图 6—9 所示的形式。

数字量是用代码按数位组合起来表示的，对于有权码，每位代码都有一定的权。为了

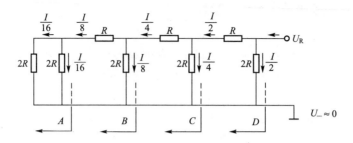

图6—9 计算各个支路电流的等效网络

将数字量转换成模拟量，必须将每一位的代码按其权的大小转换成相应的模拟量，然后将代表各位的模拟量相加，所得的总模拟量就与数字量成正比，这样便实现了数-模的转换。

从图6—9可以看出，从 A、B、C、D 点向左看的等效电阻都是 R，因此从参考电源流向电阻网络的电流为 $I = U_R/R$，而每个支路的电流依次为 $I/2$、$I/4$、$I/8$、$I/16$，各个支路电流在数字量 D_0、D_1、D_2、D_3 的控制下流向运算放大器的反相端或地。当某位输入数码为0时，相应的控制开关接通左边触点，电流 I_i（$i=0$，1，2，3）流入地；输入数码为1时，开关接通右边触点，电流 I_i 则流入外接运算放大器的反相端。假设所有开关都接通右触点，则运放的反相端的电流为：

$$i_\Sigma = I_0 + I_1 + I_2 + I_3 = I\left(\frac{1}{16} + \frac{1}{8} + \frac{1}{4} + \frac{1}{2}\right)$$

利用虚地的概念可得：

$$i_\Sigma = \frac{U_R}{R}\left(\frac{1}{16} + \frac{1}{8} + \frac{1}{4} + \frac{1}{2}\right)$$

设 D_0、D_1、D_2、D_3 分别为各位数码的变量，且 $D_i=1$ 表示开关接通右触点，$D_i=0$ 表示开关接通左触点（接地），故有：

$$i_\Sigma = \frac{U_R}{R}\left(\frac{D_0}{2^4} + \frac{D_1}{2^3} + \frac{D_2}{2^2} + \frac{D_3}{2^1}\right)$$

而运放输出的模拟电压为：

$$u_0 = -i_\Sigma R = -\frac{U_R}{R}\left(\frac{D_0}{2^4} + \frac{D_1}{2^3} + \frac{D_2}{2^2} + \frac{D_3}{2^1}\right)R = -U_R\left(\frac{D_0}{2^4} + \frac{D_1}{2^3} + \frac{D_2}{2^2} + \frac{D_3}{2^1}\right)$$

例如，数字量为1001，参考电压为5V，则运算放大器的输出电压为：

$$u_0 = -5\left(\frac{1}{2^4} + \frac{0}{2^3} + \frac{0}{2^2} + \frac{1}{2^1}\right)V = -2.812\ 5V$$

6.2.2 D-A转换器芯片DAC0808

DAC0808是基于 $R/2R$ 电阻网络的8位权电流型 D-A 转换器。该转换器为16引脚双列直插式封装，各引脚如图6—10所示，其中 $A_1 \sim A_8$ 是数字量输入端。该芯片可与 TTL 和 CMOS 电路直接连接。

用这类器件构成 D-A 转换器时，需要外接运算放大器和产生基准电流用的电阻。图6—11所示为DAC0808的典型应用电路图。DAC0808的主要参数如下：

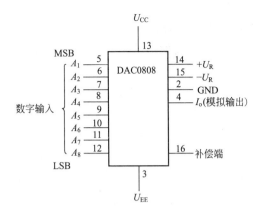

图 6—10　DAC0808 引脚图

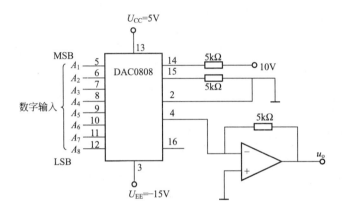

图 6—11　DAC0808 的应用电路图

分辨率：8 位。

转换时间：150ns。

正电源输入 U_{CC}：$+4.5V\sim+5.5V$。

负电源输入 U_{EE}：$-4.5V\sim-16.5V$。

精度：$+0.19\%$。

6.2.3　D－A 转换器的主要性能指标

1. 分辨率

分辨率是表示 D－A 转换器在理论上可以达到的精度，常用最小输出电压与最大输出电压的比值表示。分辨率取决于 D－A 转换器的位数，如 8 位的 D－A 转换器，其分辨率为 $\dfrac{1}{2^8-1}=\dfrac{1}{255}=0.0039$。对于 n 位 D－A 转换器，其分辨率为 $\dfrac{1}{2^n-1}$。可见，n 越大，分辨率就越小，转换时对输入量的微小变化的反应就越灵敏。

因为分辨率与 D－A 转换器的数字量位数有关，所以时常把 D－A 转换器的数字量位数称为分辨率。

2. 转换精度

转换精度是指输出模拟电压的实际值和理论值的差值，即最大静态误差。它是一个综合指标，包括零点误差、增益误差等。它不仅与 D-A 转换器中的元件参数的精度有关，而且与环境温度、求和运算放大器的温度漂移以及转换器的位数有关。所以要获得较高精度的 D-A 转换结果，除了正确选用 D-A 转换器的位数外，还要选用低漂移高精度的求和运算放大器。

3. 转换时间

转换时间是指 D-A 转换器完成一次转换所需要的时间，就是从输入信号加到 D-A 转换器的输入端到输出端电流或电压到达稳定值所需要的时间。

4. 线性度误差

线性度误差是 D-A 转换器输出曲线与理想输出直线之间的偏差。

习 题 6

1. 时钟周期为 T_C 的 8 位逐次比较式 A-D 转换器的最小转换速度是多少？

2. 模拟输入信号是含有 200Hz、500Hz、1kHz、3kHz、5kHz 等频率的信号，试求 ADC 电路中的采样频率。

3. 若一个理想的三位 ADC 满刻度模拟输出为 10V，当输入为 7V 时，求此 ADC 的数字输出量。

4. 有一个 10 位 DAC 电路输出电压为 0～10V，其分辨率是多少？12 位 DAC 的分辨率又是多少？

5. 一个 8 位的 DAC，若 U_R＝6V，试求输入数字为 11010110、01011001、00101010 时的输出电压值。

6. 查找芯片资料，了解 CDA7524 芯片的工作原理和使用方法。

第7章 半导体存储器和可编程逻辑器件

 课前导读

随着微电子技术的发展，设计与制造集成电路的任务已不完全由半导体厂商来独立承担。系统设计师们更愿意自己设计专用集成电路芯片。

案例1：

1965年，有一天摩尔拿了一把尺子和一张纸，画了个草图。纵轴代表不断发展的芯片，横轴代表时间，结果是很有规律的几何增长。这一发现发表在当年第35期的《电子》杂志上。摩尔指出：微处理器芯片的电路密度，以及它潜在的计算能力，每隔一年翻一番。这也就是后来闻名于IT界的"摩尔定律"的雏形。为了使这个描述更精确，1975年，摩尔做了一些修正，将翻一番的时间从一年调整为两年。实际上，后来测定更准确的时间是18个月。"摩尔定律"不是一条简明的自然科学定律，尊它为发展方针的Intel公司取得了巨大的商业成功，而微处理器也成了摩尔定律的最佳体现，也带着摩尔本人的名望和财富每隔18个月翻一番。事实证明，摩尔的预言是准确的，目前最先进的集成电路已含有超过17亿个晶体管。图7—1所示的是Intel公司出品的处理器Core i7 990X，核心面积为239mm^2，集成了11.7亿个晶体管。

案例2：

近20年来，汽车中的半导体电子元器件成分及复杂程度一直呈增长的趋势。据统计，目前汽车中90%的新发明都与电子器件的运用直接相关。某些欧洲高档车型（如BMW7系列）中的电子控制单元（ECU）已多达80个，不但在发动机上应用ECU，在防抱死制动系统、4轮驱动系统、电控自动变速器、主动悬架系统、安全气囊系统、多向可调电控座椅等也都配置有各自的ECU。这些ECU依靠网络相互通信联系，形成一个庞大复杂的系统。它们的工作情况，直接影响汽车的性能。图7—2所示为汽车ECU。

现今，逻辑芯片设计人员只需在自己的实验室里就可以通过相关的软硬件环境来完成芯片的最终功能设计。设计人员可以通过反复地对逻辑电路进行编程、擦除、使用或者在外围电路不动的情况下用不同软件实现不同的功能。可编程逻辑器件就是本章介绍的主要知识。

图7—1　处理器 Core i7 990X　　　　　　　　图7—2　汽车 ECU

技能目标

- 了解应用可编程逻辑器件实现组合逻辑电路和时序逻辑电路的基本方法；
- 了解存储器 ROM、RAM、PROM 的基本结构，基本工作模式及容量扩展方法。

知识目标

- 了解 ROM、PLA、PAL 及 GAL 的特性以及它们之间的区别；
- 掌握可编程逻辑器件的基本工作原理；
- 了解数字系统设计，了解硬件描述语言。

　　存储器是计算机的记忆部件。CPU 要执行的程序、要处理的数据、处理的中间结果等都存放在存储器中。目前，微机的存储器几乎全部采用半导体存储器。存储容量和存取时间是存储器的两项重要指标，它们反映了存储记忆信息的多少与工作速度的快慢。半导体存储器根据功能可分为随机存取存储器（RAM）和只读存储器（ROM）两大类。其中，随机存取存储器 RAM 又分为静态 RAM 和动态 RAM。

7.1　随机存取存储器（RAM）

　　RAM 存储单元是存储器的最基本存储细胞，它可以存放一位二进制数据。它能够在存储器中任意指定的地方随时写入或读出信息；当电源掉电时，RAM 里的内容即消失。

7.1.1　RAM 的一般结构和读/写过程

1. RAM 的一般结构

　　一般 RAM 由如图7—3所示的存储体、地址译码器和输入/输出控制三部分电路组成。

　　（1）存储体。存储体是存放大量二进制信息的"仓库"，该仓库由成千上万个存储单元组成。而每个存储单元存放着一个二进制字信息，二进制字可能是一位的，也可能是多位

102

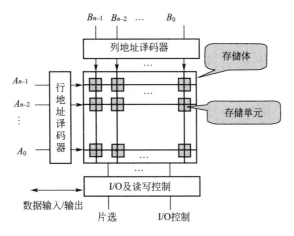

图 7—3　RAM 结构图

的，1 个字中所含有的位数称为字长。通常存储单元排列成矩阵形式。

存储体或 RAM 的容量＝存储单元的个数×每个存储单元中数据的位数。

例如，一个 10 位地址的 RAM，共有 2^{10} 个存储单元，若每个存储单元存放一位二进制信息，则该 RAM 的容量就是 2^{10}（字）×1（位）＝1 024 字位，通常称 1K 字位（容量）。

（2）地址译码器。

① 地址译码器。通常 RAM 以字为单位进行数据的读出与写入（每次写入或读出一个字），为了区别各个不同的字，将存放同一个字的存储单元编为一组，并赋予一个号码，称为地址。不同的字单元具有不同的地址，从而在进行读/写操作时，可以按照地址选择欲访问的单元。字单元也称为地址单元。

② 行、列地址译码器。它是一个二进制译码器，行、列地址译码电路的输出作为存储矩阵的行、列地址选择线，将地址码翻译成行、列对应的具体地址，然后选通该地址的存储单元，对该单元中的信息进行读出操作或进行写入新的信息操作。

例如，一个 10 位的地址码 $A_4 A_3 A_2 A_1 A_0 = 00101$，$B_4 B_3 B_2 B_1 B_0 = 00011$ 时，则将对应于第 5 行第 3 列的存储单元被选中。

（3）输入/输出（I/O）及读/写控制电路。该部分电路决定着存储器是进行读出信息操作还是写入新信息操作。输入/输出缓冲器起数据的锁存作用，通常采用三态输出的电路结构。因此，RAM 可以与其他外面电路相连接，实现信息的双向传输（即可输入且可输出），使信息的交换和传递十分方便。

2. RAM 的读出信息和写入新信息过程（读/写过程）

RAM 内容的存取是以字节为单位的，为了区别各个不同的字节，将每个字节的存储单元赋予四个编号，该编号就称为这个存储单元的地址，存储单元是存储的最基本单位，不同的单元有不同的地址。在进行读/写操作时，可以按照地址访问某个单元。

由于集成度的限制，目前单片 RAM 容量很有限，对于一个大容量的存储系统，往往需要由若干 RAM 组成，而进行读/写操作时，通常仅操作其中一片（或几片），这就存在一个片选问题。RAM 芯片上特设了一条片选信号线 $\overline{CS}$，在片选信号线上加入有效电平，芯片即被选中，可进行读/写操作，未被选中的芯片不工作。片选信号仅解决芯片是否工作的问题，而芯片执行读还是写则还需有一根读/写信号控制线 $R/\overline{W}$。以 RAM2114 芯片为例，

RAM2114 芯片的引脚及状态如图 7—4 所示。

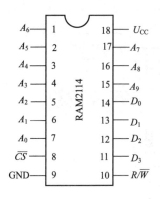

地址	$\overline{CS}$	$R/\overline{W}$	$D_0 \sim D_3$
有效	1	x	高阻态
有效	0	1	输出
有效	0	0	输入

图 7—4　RAM2114 芯片引脚及状态图

RAM2114 存储器外部信号引线如下：

$D_0 \sim D_3$ 数据线：传送存储单元内容，根数与单元数据位数相同。

$A_0 \sim A_9$ 地址线：选择芯片内部一个存储单元，根数由存储器容量决定。

$\overline{CS}$ 片选线：选择存储器芯片。当 $\overline{CS}$ 信号无效时，其他信号线不起作用。

$R/\overline{W}$ 读写允许线：打开数据通道，决定数据的传送方向和传送时刻。

当片选信号 $\overline{CS}=1$ 时，输入/输出（I/O）端与存储器内部完全隔离，存储器禁止读/写操作，即不工作；而当 $\overline{CS}=0$ 时，芯片被选通，根据读/写控制信号 $R/\overline{W}$ 的高低，执行读或写操作。当 $R/\overline{W}=1$ 时，被选中的单元所存储的数据出现在 I/O 端，存储器执行读操作；反之，$R/\overline{W}=0$ 时，加在 I/O 端的数据以互补的形式出现在内部数据上，并被存入到所选中的存储单元，存储器执行写操作。

7.1.2　RAM 中的存储单元

根据存储单元的工作原理，按照数据存取的方式不同，RAM 又分为静态 RAM（SRAM）和动态 RAM（DRAM）。

1. 静态存储单元（SRAM）

SRAM 用触发器作为存储单元存放一位二进制信息。SRAM 的特点是存取速度快，数据由触发器记忆，只要不断电即可持续保持内容不变。一般 SRAM 的集成度较低，消耗功率较大，成本较高。

除上述 NMOS 结构的 SRAM 以外，还有以下几种类型的 SRAM。

CMOS 结构的 SRAM：功耗更低，存储容量更大。

双极型结构的 SRAM：功耗较大，存取速度更快。

2. 动态存储单元（DRAM）

DRAM 利用了栅源间的 MOS 电容存储信息。其静态功耗很小，因而存储容量很大。DRAM 在每进行一次读出操作之前，必须对 DRAM 安排一次刷新，即先加一个预充电脉冲，然后进行读出操作。同时在不进行任何操作时，CPU 也应该每隔一定时间对 DRAM 进行一次补充充电（一般需 2ms），以弥补电荷损失。

7.1.3　SRAM 存储容量的扩展

在数字系统或计算机中，通常微处理器的数据总线为 8 位、16 位或 32 位，而地址总线为 16 位或 24 位不等。当 SRAM 的地址线和数据线不能与微机相匹配时，可用地址线扩展、数据线扩展，以及地址和数据线同时进行扩展的方法加以解决。扩展存储容量的方法可以通过增长字长（位数）或字数来实现。存储器的容量通常采用 KB、MB 或 GB 为单位，其中 $1KB=2^{10}B=1024B$，$1MB=2^{20}B=1024KB$，$1GB=2^{30}B=1024MB$。

1. 位数扩展，数据线扩展

以 RAM 2114 为例，SRAM 2114 具有 10 位地址，4 位数据线，其容量 $=2^{10}\times4=4096$ 字位（4K）。

【例 1】 用 4K 容量的 RAM 2114，实现一个容量为 1024×8(8K) 字位容量的 RAM。

解：1024×8 字位容量，其地址仍是 10 位，故只要进行数据位扩展即可，选用 RAM 2114 两片，将两片的地址线，读/写线及片选线并联，两片的位线分别作为高 4 位数据和低 4 位数据，组成 8 位的数据线即可。扩展后的电路如图 7—5 所示。

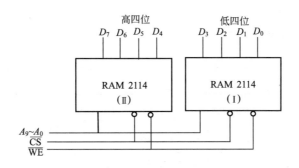

图 7—5　SRAM 扩展 8K 容量电路

2. 字位扩展，地址扩展，数据位扩展

【例 2】 用 RAM 2114，扩展成容量为 4096×8 字位（32K）的 RAM。

解：4096 需要 12 位地址，而 RAM 2114 只有 10 位地址，所以需要进行地址扩展，同时应该将一字 4 位，扩展成一字 8 位。字的位扩展用前面的方法，地址扩展用译码器完成，用 8 片 RAM 2114。扩展后的电路如图 7—6 所示。

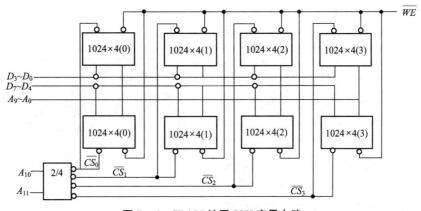

图 7—6　SRAM 扩展 32K 容量电路

7.2　只读存储器（ROM）

ROM 一般用来存储固定不变的数据信息，正常工作时只能从中读取已存入的固定信息，不能重新修改和写入新信息。ROM 器件的分类如下：

按制造工艺分 ROM 可分为二极管 ROM、双极型 ROM 和 MOS 型 ROM。按存入方式分，ROM 可分为固定 ROM（又称掩膜 ROM）和可编程 ROM。可编程 ROM 又分为一次可编程存储器（PROM）、光可擦除可编程存储器（EPROM）和电可擦除可编程存储器（EEPROM）。

固定 ROM 在制造时，生产厂家利用掩膜技术把数据写入存储器中，一旦 ROM 制成，其存储数据也就固定不变了。而 PROM 在出厂时，存储内容全为 1（或者全为 0），用户可以根据自己的需要，利用通用或专用的编程器，将某些单元改写为 0（或 1）。

7.2.1 ROM 的结构

ROM 的结构与 RAM 类似。ROM 主要包含地址译码器、存储矩阵和输出缓冲器三个组成部分，如图 7—7 所示。

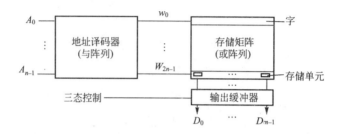

图 7—7 ROM 结构框图

（1）地址译码器将输入地址码译成相应控制信号，从存储矩阵中选取指定存储单元（即字）的内容，并送至输出缓冲器。图 7—7 中的地址译码器有 n 条地址输入线 $A_0 \sim A_{n-1}$，2^n 条输出线 $W_0 \sim W_{2^n-1}$，又称为字线。每条字线对应存储矩阵中的一个字，每输入一个地址码，相应字线为"1"，即选中一个字。

（2）存储矩阵由许多存储单元组成，每个存储单元可以存储一位二进制数据，一位或多位二进制数据构成字。图 7—7 中的存储矩阵有 2^n 个字，每个字的字长为 m 位，因此整个存储器的存储容量为 $2^n \times m$ 位。存储容量也习惯用 KB（1KB＝1024B）为单位来表示，如 1K×4、2K×8 和 64K×1 的存储器，其容量分别是 1024×4 位、2048×8 位和 65536×1 位。ROM 的存储单元可以用二极管构成，也可以用双极型三极管或 MOS 管构成。

（3）输出缓冲器一般由三态门构成，便于和系统总线连接，同时能提高存储器的带负载能力。输出端各条输出线 D_i 又称为位线（或数据线），数据以并行方式读出。

1. **二极管 ROM 电路**

图 7—8 所示的是具有两位地址输入码和四位数据输出的 ROM 电路，它的存储单元

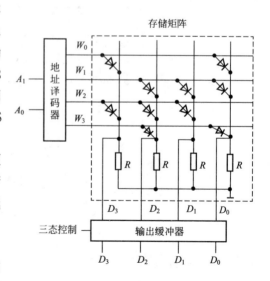

图 7—8 二极管 ROM 电路

106

由二极管构成，地址译码器由四个二极管与门组成。两位地址代码 A_1A_0 能给出四个不同的地址，A_1、A_0 称为地址线。地址译码器将这四个地址代码分别译成 $W_0 \sim W_3$ 四根线上的高电平信号。存储矩阵实际上由四个二极管或门组成的编码器，当 $W_0 \sim W_3$ 每根线上给出高电平信号时，会在 $D_3 \sim D_0$ 四根线上输出一个四位二值代码。通常将每个输出代码叫一个"字"，$W_0 \sim W_3$ 叫做字线，把 $D_3 \sim D_0$ 叫做位线（或数据线）。输出端的缓冲器用来提高带负载能力，并将输出的高低电平变换为标准的逻辑电平。同时，通过给定 EN 信号实现对输出的三态控制。在读取数据时，只要输入指定的地址码并令 $EN=0$，则指定地址内各存储单元所存的数据便会出现在输出数据线上。

字线和位线的每个交叉点都是一个存储单元。交点处接有二极管时相当于存 1，没有接二极管时相当于存 0。交叉点的数目也就是存储单元数。其存储量应表示成"4×4 位"。全部四个地址内的存储内容见表 7—1。

表 7—1 　　　　　　　　　　　　　　　　　　　ROM 数据表

地址		字线				数据			
A_1	A_0	W_3	W_2	W_1	W_0	D_3	D_2	D_1	D_0
0	0	0	0	0	1	1	0	0	1
0	1	0	0	1	0	0	1	1	1
1	0	0	1	0	0	1	1	1	0
1	1	1	0	0	0	0	1	0	1

从图 7—8 中还可以看到，ROM 的电路结构很简单，所以集成度可以做得很高，而且一般都是批量生产，价格便宜。

采用 MOS 工艺制作 ROM 时，译码器、存储矩阵和输出缓冲器全用 MOS 管组成。图 7—9 给出了 MOS 管存储矩阵的原理图。

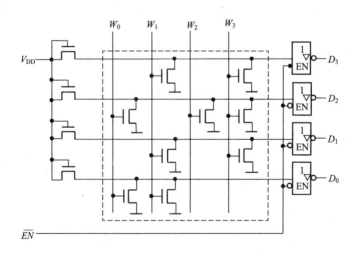

图 7—9　MOS 管存储矩阵的原理图

2. 掩膜 ROM

掩膜 ROM，又称为固定 ROM，其存储信息是由生产厂家在制造时利用掩膜工艺写入的。掩膜 ROM 的存储元件可采用二极管、双极型晶体管和 MOS 管，图 7—10 所示为 4×4 二极管掩膜 ROM 的结构图和 ROM 的与或陈列图。

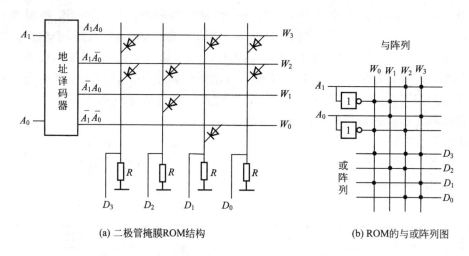

(a) 二极管掩膜ROM结构   (b) ROM的与或阵列图

图 7—10　4×4 二极管掩膜 ROM 的结构图

7.2.2　ROM 的种类

1. ROM

ROM（Read-Only Memory）是一种只能读出事先所存数据的固态半导体存储器。在 ROM 制造过程中，将资料以一特制光罩（Mask）烧录于线路中，其资料内容在写入后就不能更改。其特性是所存数据稳定，整机工作过程中只能读出，一旦储存资料就无法再将其改变或删除，因而常用于存储各种固定程序和数据，并且资料不会因为电源关闭而消失。

2. PROM

可编程序 ROM（Programmable ROM，PROM）的内部有行列式的镕丝，需要利用电流将其烧断，写入所需的资料，但仅能写录一次。PROM 在出厂时，存储的内容全为 1，用户可以根据需要将其中的某些单元写入数据 0（部分的 PROM 在出厂时数据全为 0，则用户可以将其中的部分单元写入 1），以实现对其"编程"的目的。

PROM 的典型产品是"双极性熔丝结构"，如图 7—11 所示。如果我们想改写某些单元，则给这些单元通以足够大的电流，并维持一定的时间，原先的熔丝即可熔断，这样就达到了改写某些位的效果。显然，熔丝一旦烧断就不能再恢复。

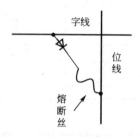

图 7—11　熔丝型 PROM 的存储单元

另类经典的 PROM 为使用"肖特基二极管"的 PROM，出厂时，其中的二极管处于反向截止状态，用大电流的方法将反相电压加在"肖特基二极管"，造成其永久性击穿。

3．EPROM

可擦除可编程 ROM（Erasable Programmable Read Only Memory，EPROM）可利用高电压将资料编程写入，擦除时将线路曝光于紫外线下，则资料被清空，并且可重复使用。通常在封装外壳上会预留一个石英透明窗以方便曝光。EPROM 需用紫外线长时间照射才能擦除，使用很不方便。大部分只读存储器用金属-氧化物-半导体（MOS）场效应管制成。

4．OTPROM

一次编程 ROM（One Time Programmable Read Only Memory，OTPROM）的写入原理同 EPROM，但是为了节省成本，编程写入之后就不再擦除，因此不设置透明窗。

5．EEPROM

电子式可擦除可编程 ROM（Electrically Erasable Programmable Read Only Memory，EEPROM）的运作原理类似 EPROM，但是擦除的方式是使用高电场来完成的，因此不需要透明窗。例如，早期的个人电脑（如 Apple II 或 IBM PC XT/AT）的开机程序（操作系统）或是其他各种微电脑系统中的韧体（Firmware）。

6．快闪存储器

快闪存储器（Flash Memory）的每一个记忆胞都具有一个"控制闸"和"浮动闸"，利用高电场改变浮动闸的临限电压即可进行编程动作。快闪存储器是采用浮栅型 MOS 管，存储器中数据的擦除和写入是分开进行的，数据写入方式与 EPROM 相同，一般一只芯片可以擦除/写入 10 万次以上。快闪存储器集成度高、功耗低、体积小，又能在线快速擦除，因而获得飞速发展，并有可能取代现行的硬盘和软盘而成为主要的大容量存储媒体。

7.3　可编程逻辑器件

7.3.1　可编程逻辑器件简介

可编程逻辑器件（Programmable Logic Device，PLD）是作为一种通用集成电路产生的，其逻辑功能按照用户对器件编程来确定。一般 PLD 的集成度很高，足以满足一般的数字系统的设计需要。PLD 能完成任何数字器件的功能，上至高性能 CPU，下至简单的 74 电路，都可以用 PLD 来实现。

PLD 与一般数字芯片不同，PLD 内部的数字电路可以在出厂后才规划决定，有些类型的 PLD 也允许在规划决定后再次进行变更、改变，而一般数字芯片在出厂前就已经决定其内部电路，无法在出厂后再次改变。

工程师可以通过传统的原理图输入法，或是硬件描述语言自由地设计一个数字系统。通过软件仿真，可以事先验证设计的正确性。在印制电路板（PCB）完成以后，还可以利用 PLD 的在线修改能力，随时修改设计而不必改动硬件电路。

7.3.2　可编程逻辑器件的基本结构

1．可编程逻辑器件的基本结构

PLD 的基本结构如图 7—12 所示。由图可见，PLD 由输入控制电路、与阵列、或阵列及输出控制电路组成。在输入控制电路中，输入信号经过输入缓冲单元产生每个输入变量的原变量和反变量，并作为与阵列的输入项。

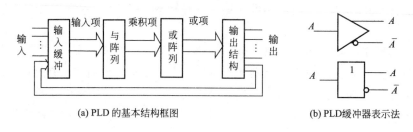

(a) PLD 的基本结构框图　　　　　　(b) PLD 缓冲器表示法

图 7—12　PLD 的基本结构

与阵列由若干与门组成，输入缓冲单元提供的各输入项被有选择地连接到各个与门输入端，每个与门的输出则是部分输入变量的乘积项。各与门输出又作为或阵列的输入，这样或阵列的输出就是输入变量的与或形式。输出控制电路将或阵列输出的与或式通过三态门、寄存器等电路，一方面产生输出信号，另一方面作为反馈信号送回输入端，以便实现更复杂的逻辑功能。因此，利用 PLD 可以方便地实现各种逻辑函数。

在上述基本结构的基础上，附加一些其他逻辑元件，如输入缓冲器、输出寄存器、内部反馈、输出宏单元等，便可构成各种不同的 PLD。

2. PLD 电路表示法

PLD 电路表示法与传统表示法有所不同，主要因为 PLD 的阵列规模十分庞大，用传统的方法表示极不方便。图 7—13 中分别给出了传统表示法和 PLD 表示法的一个示例。连线交叉处有实点的表示硬线连接，也就是固定连接，用户不可改变；有"×"符号的表示可编程连接，表示此点目前是互连的，即编程熔丝未被烧断；若交叉点上没有实点和"×"，则连线只是单纯交叉表示不连接或者是擦除单元。

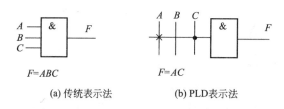

$F = ABC$　　　　　　　$F = AC$

(a) 传统表示法　　　　　　(b) PLD表示法

图 7—13　PLD 电路表示法

由图 7—13 可知，在输入量很多的情况下，PLD 表示法显得简洁。PLD 表示法中，三个输入端与门的输入线只有一根，一般称为乘积线，三个输入变量分别由三根与乘积线垂直的竖线送入，其中固定连接和编程连接的相应输入项为乘积项的一部分，不连接的输入线不作为乘积项的一部分。

图 7—14 所示的是一个简单的 PROM 电路图，右图是左图的简化形式。PLD "与" 阵列的输入为外部输入原变量和在阵列中经过反相后的反变量。它们按所要求的规律连接到各个与门的输入端，并在各与门的输出端产生某些输入变量的"与"项作为"或"阵列的输入，这些"与"项按一定的要求连接到相应或门的输入端，在每个或门的输出端产生输入变量的"与-或"函数表达式。

图 7—14 电路实现的函数为

$$F_1 = \overline{A} \cdot B + A \cdot \overline{B} \quad F_2 = \overline{A} \cdot \overline{B} + A \cdot B \quad F_3 = A \cdot B$$

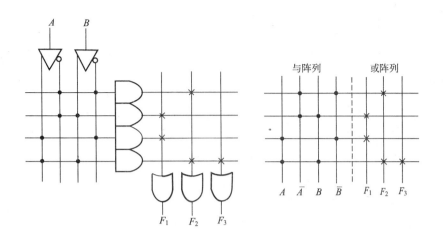

图7—14　简单的 PROM 电路图

7.3.3　可编程逻辑器件的分类和特点

在实际应用中，PLD 可根据其结构、集成度以及编程方法进行分类。

1. 根据与阵列和或阵列是否可编程分类

（1）与阵列固定、或阵列可编程的 PLD。PLD 最早的产品，20 世纪 70 年代初期出现的 PROM 就是采用这种形式。现在市场上供应的 PROM 的最高密度达一个芯片 200 万位以上。

优点：能够较方便地实现多输入多输出组合函数，可以实现任何组合逻辑功能，而且由于它以最小项为基础，因此在设计中无须对函数化简。对于每一种可能的输入组合，就相应得到一组可以独立编程的输出，大大扩展了可编程逻辑的思想，减少了输入变量的引脚数，并能与 TTL 电路兼容。

缺点：输入增加时，它的与阵列输出（即乘积项）个数以 2 的级数增加，这样可导致与乘积项成正比的芯片面积、成本和开关延时相应迅速增加，从而速度变慢；大多数逻辑函数并不需要使用输入的全部可能组合，这是因为其中许多组合是无效的或不可能出现的，使得芯片利用率较低。

（2）与阵列和或阵列均可编程的 PLD。此类 PLD 的与阵列采用部分译码方式，通过编程产生函数所需的乘积项，乘积项不一定是全部 n 个输入的组合。它的或阵列可编程，并通过选择所需要的乘积项相或，在输出端产生乘积项之和的函数。20 世纪 70 年代中期出现的现场可编程逻辑阵列器件（Field Programmable Logic Array，FPLA）采用了这种结构。

与 PROM 相比，它的优点在于阵列较小，使用灵活，速度快。双重可编程阵列使设计者可以控制器件的全部功能，既使设计变得容易，同时又有效地提高了芯片的利用率，缩小了系统体积。

它的缺点是制造工艺复杂，编程缺少高质量的支撑软件和编程工具，且价格较高，因而使用不广泛。

（3）与阵列可编程或阵列固定的 PLD。在此类 PLD 中，与阵列可编程，或阵列是固定的。每个输出是若干乘积项之和，其中乘积项的数目是固定的。这种结构不仅能实现大多数逻辑功能，而且提供了最高的性能和速度，是 PLD 目前发展的主流。

2. 按集成度分类

随着集成工艺的发展，PLD 的集成规模越来越大，集成度从几百门每片发展到几千门每片，甚至几百万门每片。据此，PLD 可分为低密度可编程逻辑器件（Low Density PLD，LDPLD）和高密度可编程逻辑器件（High Density PLD，HDPLD）两大类。

（1）LDPLD。LDPLD 通常指集成度小于 1000 门每片的 PLD。从 20 世纪 70 年代初期至 80 年代中期产生的 PLD，如 PROM、PLA、PAL 和 GAL 均属于此类。与中小规模集成电路相比，它有集成度高、速度快、设计灵活方便、设计周期短等优点，因此得到广泛应用。但随着科学技术的发展，由于集成密度低，它已很难满足大规模以及超大规模专用集成电路（ASIC）在规模和性能上的要求。

（2）HDPLD。HDPLD 通常指集成度大于 1000 门每片的 PLD。20 世纪 80 年代中期以后产生的电可擦除（EPLD）、复杂可编程逻辑器件（CPLD）和现场可编程门阵列（FPGA）均属于此类。此类 PLD 提供了最高的逻辑密度、最丰富的特性和最高的性能。现在最新的 FPGA 器件，如 Xilinx Virtex™ 系列中的部分器件，可提供八百万"系统门"（相对逻辑密度）。这些先进的器件还提供诸如内建的硬连线处理器（如 IBM Power PC）、大容量存储器、时钟管理系统等特性，并支持多种最新的超快速器件至器件（Device - To - Device）信号技术。

与此相比，CPLD 提供最高约 1 万门的逻辑资源要少得多。但是，CPLD 提供了非常好的可预测性，因此对于关键的控制应用非常理想，而且 CPLD 器件需要的功耗极低，如 Xilinx CoolRunner™ 系列。

3. 按编程方法分类

（1）掩膜编程。最初的 ROM 是由半导体生产厂家制造的，阵列中各点间的连线由厂家专门为用户设计的掩膜板制作，此种方法称为掩膜编程。其设计成本高，一般在批量生产中才有价值，所以它只用来生产存放固定数据、固定程序的 ROM 以及函数表、字符发生器等器件。

（2）熔丝或反熔丝编程。

① 熔丝编程器件在每个可编程的互连接点上都有熔丝开关。如果接点需要连接则保留熔丝，接点需要断开则用比工作电流大得多的电流烧断熔丝即可。由于熔丝一旦烧断便不能恢复导通，因此这种方法只能一次编程，而且熔丝开关占芯片面积较大，不利于提高器件集成度。

② 反熔丝编程器件以反熔丝开关作为编程元件。反熔丝开关的核心是介质，未编程时开关呈现很高的阻抗（例如，可用一对反向串联的肖特基二极管构成），当编程电压加在开关上将介质击穿后（使一个二极管永久性击穿而短路），开关则呈现导通状态。

PROM 和 PAL 采用了熔丝编程工艺，Actel 公司的 FPGA 则采用了反熔丝编程工艺。

（3）浮栅编程。浮栅编程器件采用了浮栅编程技术，包括紫外线擦除电编程的 UVEP-ROM 和电擦除电编程的 EEPROM。它们都采用浮栅存储电荷的方法来保存数据。浮栅编程器件属于非易失可重复擦除器件。GAL、EPLD、CPLD 大都采用了这种工艺。

（4）SRAM 编程器件。SRAM 即静态存储器，又称配置存储器，用来存储决定系统逻辑功能和互联的配置数据。它属于易失元件，所以每次系统加电时，先要将储存在外部 EPROM 或硬盘中的编程数据加载到 SRAM 中去。采用 SRAM 技术可以方便地装入新的配置数据实现在线重置。Xilinx 的 FPGA 采用了这种技术。

综上所述，通常把一次性编程的器件（如 PROM）称为第一代 PLD，把紫外光（UV）擦除的器件（如 EPROM）称为第二代 PLD，把电擦除的器件（如 EEPROM）称为第三代 PLD。第二代、第三代 PLD 的编程都是在编程器上进行的。1991 年，美国 Lattice 公司又推出一种在系统编程器件（ISP），编程工作直接在目标系统或线路板上进行而不用编程器，称为第四代 PLD。

7.4 FPGA 系统设计概述

FPGA 的设计流程就是利用 EDA 开发软件和编程工具对 FPGA 芯片进行开发的过程。以典型的 FPGA 的开发为例，如图 7—15 所示，其设计流程包括设计目标，设计输入，功能仿真，逻辑综合、优化、布局布线，时序仿真，以及系统验证等主要步骤。

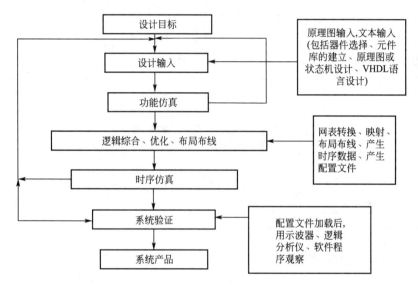

图 7—15　FPGA 的开发设计流程

7.4.1 PLD 编程语言 HDL

随着 PLD/FPGA 设计越来越复杂，使用语言设计复杂 PLD/FPGA 成为一种趋势，所以 PLD 多改用电脑程序（也称计算机程序）来产生，这种程序称为"逻辑编译器（Logic Compiler）"，它与程序开发编写时所用的软件编译器相类似，而要编译的源代码也得用特定的编程语言来编写，此编程语言称之为硬件描述语言（Hardware Description Language，HDL）。HDL 是用文本的形式描述硬件电路的功能、信号连接关系和时序关系。它虽然没有图形输入那么直观，但功能更强，可以进行大规模、多个芯片的数字系统的设计。

1. HDL 概念

HDL 是硬件设计人员和电子设计自动化（EDA）工具之间的界面，其主要目的是用来编写设计文件，建立电子系统行为级的仿真模型，即利用计算机对 Verilog HDL 或 VHDL 建模的复杂数字逻辑进行仿真，然后再自动综合，生成符合要求且在电路结构上可实现的数字逻辑网表（Netlist），根据网表和某种工艺的器件自动生成具体电路，最后生成该工艺条件下这种具体电路的时延模型。仿真验证无误后，该模型可用于制造 ASIC 芯片或写入

CPLD 和 FPGA 器件中。

2．HDL 的特点

目前，在我国广泛应用的 HDL 主要有 ABEL 语言、AHDL 语言、Verilog 语言和 VHDL 语言，其中 Verilog 语言和 VHDL 语言最为流行，它们都是在 20 世纪 80 年代中期开发出来的，两种 HDL 均为 IEEE 标准。

HDL 对硬件的描述可以有两种形式：一种行为描述，它描述设计的输入和输出数据之间的关系及其时序关系；另一种是结构描述，它描述设计中的各个功能块、模块、单元、门以及它们之间的连接关系。所以，HDL 既包含一些高层程序设计语言的结构形式，同时也兼顾描述硬件线路连接的具体构件。

HDL 通过使用结构级或行为级描述可以在不同的抽象层次描述设计，HDL 采用自顶向下的数字电路设计方法，主要包括 3 个领域 5 个抽象层次，如表 7—2 所示。

表 7—2 　　　　　　　　　　　　 HDL 的数字电路设计抽象层次

	行为领域	结构领域	物理领域
系统级	性能描述	部件及它们之间的逻辑连接方式	芯片、模块、电路板和物理划分的子系统
算法级	I/O 应答算法级	硬件模块数据结构	部件之间的物理连接、电路板、底盘等
寄存器传输级	并行操作寄存器传输、状态表	算术运算部件、多路选择器、寄存器总线、微定序器、微存储器之间的物理连接方式	芯片、宏单元
逻辑级	用布尔方程叙述	门电路、触发器、锁存器	标准单元布图
电路级	微分方程表达	晶体管、电阻、电容、电感元件	晶体管布图

7.4.2　PLD 设计开发软件

目前支持 PLD/FPGA 设计的软件有多种，有的是由芯片制造商提供的，如 Altera 的 MAX＋Plus Ⅱ软件包，XILINX 公司的 Foundation 软件包和 ISE 软件包，Lattice 开发的 ispEXPERTsystem、ispDesign EXPERT 软件包；有的是由专业的 EDA 软件商提供的第三方软件，如 Protel、Altium Designer、PSPICE、Multisim、OrCAD、PCAD、LSIIogic、MicroSim、ISE、modelsim、MATLAB 等。

随着开发软件发展的完善，用户甚至可以不用详细了解 PLD 的内部结构，也可以用自己熟悉的方法（如原理图输入或 HDL）来完成相当优秀的 PLD 设计。

图 7—16 是开发人员在进行开发设计。

7.4.3　程序的写入

在 PLD/FPGA 开发软件中完成设计以后，软件会产生一个最终的编程文件（如 .pof）。编程文件须写入到具有 GAL 的器件中，才能完成其最终的设计。

早期的 PLD 是不支持 ISP 的，它们需要用编程器烧写。目前的 PLD 都可以用 ISP 在线编程，也可用编程器编程。

（1）对于基于乘积项技术，EEPROM（或 Flash）工艺的 PLD（如 Altera 的 MAX 系列、Lattice 的大部分产品、Xilinx 的 XC9500、Coolrunner 系列），厂家提供编程电缆，电缆

一端装在计算机的并行打印口上，另一端接在 PCB 上的一个 10 芯插头，PLD 芯片有四个引脚（编程脚）与插头相连，如图 7—17 所示。

图 7—16　开发人员在进行开发设计

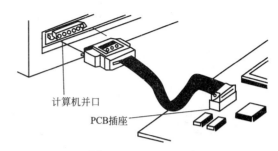

计算机并口

PCB插座

图 7—17　FPGA 开发

通过编程电缆向系统板上的器件提供配置或编程数据，这就是所谓的在线编程，如图 7—18 所示。

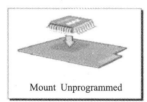
Mount Unprogrammed

Program In–System

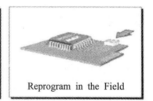
Reprogram in the Field

图 7—18　在线编程

（2）对于基于查找表（Look - Up Table，LUT）技术，SRAM 工艺的 FPGA（如 Altera 的所有 FPGA、ACEX、Cyclone、Stratix 系列、Xilinx 的所有 FPGA、Spartan、Virtex 系列。Lattice 的 EC/ECP 系列等），由于 SRAM 工艺的特点，掉电后数据会消失，因此调试期间可以用下载电缆配置 PLD，调试完成后，需要将数据固化在一个专用的 EEPROM 中（用通用编程器烧写，也有一些可以用电缆直接改写），上电时，由这片配置 EEPROM 先对 FP-GA 加载数据，十几毫秒到几百毫秒后，FPGA 即可正常工作，亦可由 CPU 配置 FPGA。

（3）反熔丝（Anti - Fuse）技术的 FPGA，如 Actel、Quicklogic 的部分产品。这种 PLD 是不能重复擦写，需要使用专用编程器，所以开发过程比较麻烦，费用也比较昂高。但反熔丝技术也有许多优点，如布线能力更强，系统速度更快，功耗更低，同时抗辐射能力强，耐高低温，可以加密，所以在一些有特殊要求的领域中运用较多，如军事航空航天领域。为了解决反熔丝 FPGA 不可重复擦写的问题，Actel 等公司在 20 世纪 90 年代中后期开发了基于 Flash 技术的 FPGA，如 ProASIC 系列。这种 FPGA 不需要配置，数据直接保存在 FPGA 芯片中，用户可以改写。

习　题　7

一、选择题（可多选）

1．一个容量为 1K×8 的存储器有_____个存储单元。

A．8　　　　　　　B．8K　　　　　　　C．8000　　　　　　　D．8192

2．要构成容量为 4K×8 的 RAM，需要_____片容量为 256×4 的 RAM。

A．2　　　　　　　B．4　　　　　　　C．8　　　　　　　D．32

3. 寻址容量为 16K×8 的 RAM 需要_____根地址线。

A. 4   B. 8   C. 14   D. 16

4. 若 RAM 的地址码有 8 位，行、列地址译码器的输入端都为 4 个，则它们的输出线（即字线加位线）共有_____条。

A. 8   B. 16   C. 32   D. 256

5. 某存储器具有 8 根地址线和 8 根双向数据线，则该存储器的容量为_____。

A. 8×3   B. 8K×8   C. 256×8   D. 256×256

6. 采用对称双地址结构寻址的 1024×1 的存储矩阵有_____。

A. 10 行 10 列   B. 5 行 5 列   C. 32 行 32 列   D. 1024 行 1024 列

7. 随机存取存储器具有_____功能。

A. 读/写   B. 无读/写   C. 只读   D. 只写

8. 欲将容量为 128×1 的 RAM 扩展为 1024×8，则需要控制各片选端的辅助译码器的输出端数为_____。

A. 1   B. 2   C. 3   D. 8

9. 欲将容量为 256×1 的 RAM 扩展为 1024×8，则需要控制各片选端的辅助译码器的输入端数为_____。

A. 4   B. 2   C. 3   D. 8

10. 只读存储器（ROM）在运行时具有_____功能。

A. 读/无写   B. 无读/写   C. 读/写   D. 无读/无写

11. 只读存储器（ROM）中的内容，当电源断掉后又接通，存储器中的内容_____。

A. 全部改变   B. 全部为 0   C. 不可预料   D. 保持不变

12. 随机存取存储器（RAM）中的内容，当电源断掉后又接通，存储器中的内容_____。

A. 全部改变   B. 全部为 1   C. 不确定   D. 保持不变

13. 一个容量为 512×1 的静态 RAM 具有_____。

A. 地址线 9 根，数据线 1 根   B. 地址线 1 根，数据线 9 根

C. 地址线 512 根，数据线 9 根   D. 4 地址线 9 根，数据线 512 根

14. 用若干 RAM 实现位扩展时，其方法是将_____相应地并联在一起。

A. 地址线   B. 数据线   C. 片选信号线   D. 读/写线

二、判断题（正确的打√，错误的打×）

1. 实际中，常以字数和位数的乘积表示存储容量。   （　　）

2. RAM 由若干位存储单元组成，每个存储单元可存放一位二进制信息。   （　　）

3. 动态随机存取存储器需要不断地刷新，以防止电容上存储的信息丢失。   （　　）

4. 用 2 片容量为 16K×8 的 RAM 构成容量为 32K×8 的 RAM 是位扩展。   （　　）

5. 所有的半导体存储器在运行时都具有读和写的功能。   （　　）

6. ROM 和 RAM 中存入的信息在电源断掉后都不会丢失。   （　　）

7. RAM 中的信息，当电源断掉后又接通，则原来存储的信息不会改变。   （　　）

8. 存储器字数的扩展可以利用外加译码器控制数个芯片的片选输入端来实现。   （　　）

9. PROM 的或阵列（存储矩阵）是可编程阵列。   （　　）

10. ROM 的每个与项（地址译码器的输出）都一定是最小项。   （　　）

第8章　数字电路实验实训基础知识

课前导读

数字式的万用表、示波器等是很普及的电工、电子测量工具，其使用的方便性和准确性受到电子维修人员和电子爱好者的喜爱。

案例1：

手头上有一些BC337的三极管，如图8—1所示。假设不知它是PNP管还是NPN管，可以借助测量工具进行判断。

我们知道，三极管的内部就像两个二极管组合而成的，其形式如图8—2所示。中间的是基极（B极）。

图8—1　三极管

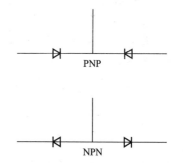

图8—2　三极管的内部形式

对于PNP管的基极是两个二极管负极的共同点，NPN管的基极是两个二极管正极的共同点。用数字万用表的二极管挡去测基极，测量方法如图8—3所示。

案例2：

由于手机出现故障的概率非常高，再加上手机质量的参差不齐，使手机维修需求日益增加，市场上对手机售后服务、质量检测和维修人才的需求量非常大。在手机维修的过程中，主要是用万用表和示波器来检测主板上关键点的电压及信号波形。图8—4所示的是手机维修人员正在检测手机主板。

电子电器维修、电工控制与检测、电器的安装与维护、电子产品的设计及一般故障的检修，都要使用测量工具。测量是人们通过实验的方法，使用各种仪表测量不同的物理量，将未知量与公认的同类标准量进行比较，从而确定其数量的认识过程。在测量中，除了根据

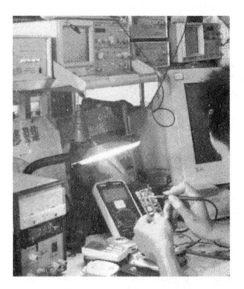

图8—3　万用表的二极管测量挡　　　　　图8—4　检测手机主板

测量对象正确选择和使用电子仪器、仪表外，还必须采取合理的测量方法和步骤，掌握正确的操作技能，才能尽可能地减少误差。

　　本章主要介绍电工电子常用工具及常用仪器、仪表的正确使用方法和技巧、电路连接技巧和安全用电常识。

能力目标

- 掌握常用仪器仪表的使用方法；
- 掌握仪器设备、元器件的安全操作方法；
- 了解数字电路项目实验实训的操作步骤和排故方法。

知识目标

- 了解数字电路项目实验实训的要求，理解逻辑电路图的实现方法；
- 了解常用芯片的使用规则。

　　数字电路实验实训是课程中的重要实践性环节。通过项目实验实训可以巩固及加深对基本理论知识的理解和应用，提高实际操作能力、独立分析问题和解决问题的能力。本章介绍完成项目实验实训环节所必备的基础知识。

8.1　项目实验实训要求

1. 项目实验实训前的准备和操作要求

（1）实验实训前应预习所做实验实训的基本原理，所需实验仪器、元器件的使用方法及注意事项，拟定实验实训方法和步骤，设计实验数据表格，初步估算实验实训的结果，写出预习报告。

（2）实验实训中应遵守操作规程，严禁带电操作。仪器使用中若出现异常现象，首先关断电源，然后报告教师，严禁私换仪器和元器件。

（3）实验实训完毕后，应请教师检查实验记录和实验仪器，经教师许可并将实验器材整理清洁后，方可离开实验室。

（4）实验实训后，可在预习报告的基础上，写出实验实训报告并上交。不得无故缺交实验实训报告或缺做实验实训。

2. 对实验报告的要求

（1）写出实验实训的目的。

（2）简要说明实验实训原理，列出相关公式，并画出实验实训的电路图或测试图。

（3）设计实验实训的记录表格及实验步骤。

（4）整理实验实训数据并填表。

（5）对实验实训现象及结果进行分析，给出必要的结论。

（6）记录实验实训过程中发生的故障，分析出现故障的原因并写出解决方法。

（7）完成问题探究。

8.2 逻辑电路图的三种形式

在教学、科研实践、生产中，针对各个环节的不同要求，逻辑电路图常有以下三种形式。

1. 原理图

原理图注重的是电路的组成部分及各部分间的逻辑关系的原理性描述。因此，图中的集成电路使用具有相应逻辑功能的逻辑符号代替，可不涉及具体器件的型号，更不涉及器件的引脚编号等。图8—5是异或门的原理图，此类电路图常出现在教科书中。

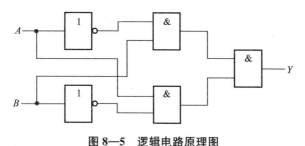

图 8—5 逻辑电路原理图

2. 实验（电路）图（或设计图）

为了用物理器件实现逻辑功能，实验实训前必须选择电路器件的型号、规格，了解所用芯片的引脚排列，尤其对于封装有多个单元的复合集成电路（如74LS00与非门内有四个独立的与非门），必须指定用哪个单元，以及每个单元在电路中的位置等。在原理图基础上，进一步将器件型号、器件编号（对于复合集成电路，具体到单元）、芯片引脚编号、元件参数等标注出来，形成的电路图称为实验图，图8—6是异或门的实验图，它可作为实验实训、产品开发调试、故障检修用图。

3. 接线图

只反映器件间、引脚间连线关系的电路图称为接线图，图8—7是反映异或门的实验图连接关系的接线图，用接线图连线非常方便。

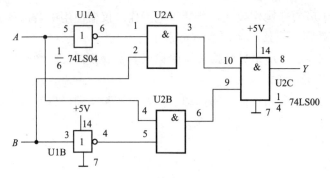

图 8—6 逻辑电路实验图

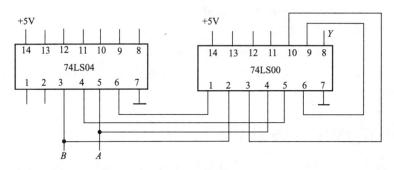

图 8—7 接线图

由于接线图没有反映电路的逻辑关系，一旦电路出现故障，除了按图检查连线外，别无办法。如果电路复杂，涉及器件、连线较多，接线图绘制的工作量大且易出错，所以复杂的实验实训中不采用接线图。接线图一般是对已安装好的电路（但不知连线关系）进行测绘而形成的电路图，所以常用于需要分析已有电路的功能的场合。

综上所述，实验图既能反映电路的逻辑关系，又能作为实验实训时接线的依据，综合了原理图与接线图的特点。一旦电路出现故障，操作者依据实验图，可以很方便地进行理论分析、排查故障、调试电路。因此，电路实验、调试阶段采用的都是实验图。

8.3 集成电路芯片简介

数字电路实验中所用到的集成芯片都是双列直插式的，其引脚排列规则如图 8—8 所示。该种集成电路的定位识别标记有色点、半圆缺口、凹坑等。识别方法是将集成电路水平放置，引脚向下，识别标记正对着自己或看标记（左边的缺口或小圆点标记），从左下角第一个引脚开始按逆时针方向，依次为 1，2，3，…，n。在标准形 TTL 集成电路中，电源端 V_{CC} 一般排在左上端，接地端 GND 一般排在右下端。

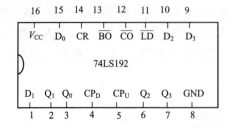

图 8—8 芯片引脚排列规则图

中、小规模数字电路中最常用的是 TTL 电路和 CMOS 电路。TTL 器件型号为 74/54 系列，如 74LS10、74F192、54S86 等。CMOS 电路主要是 4XXX/45XX（X 代表 0～9 的数字）系列，高速 CMOS 电路 HC（74HC 系列），与 TTL 兼容的高速 CMOS 电路 HCT（74HCT 系列）。如 74LS20 为 14 脚芯片，14 脚为 V_{CC}，7 脚为 GND。若集成芯片引脚上的功能标号为 NC，则表示该引脚为空脚，与内部电路不连接。

8.3.1 TTL 集成电路使用规则

在数字电路实验实训中，主要使用 TTL74 系列电路作为实验用器件，采用＋5V 作为供电电源。实验实训中所用的 74 系列器件封装选用双列直插式。

（1）接插集成块时，要认清定位标记，不得插反。

（2）电源电压使用范围为＋4.5～＋5.5V，实验中要求使用 V_{CC}＝＋5V，电压过高会使电路损坏，过低会使电路工作不正常。电源极性绝对不允许接错。

（3）闲置输入端处理方法如下：

① 悬空，相当于正逻辑"1"，对于一般小规模集成电路的数据输入端，允许悬空处理，但易受外界干扰引起电路误操作，导致电路的逻辑功能不正常。

② 接入逻辑高（或低）电平，中规模以上的集成电路和使用集成电路较多的复杂电路，所有闲置输入端必须根据逻辑要求接入逻辑高（或低）电平，不允许悬空。在实际电路中，与非门、与门闲置的输入端引脚应接到高电平，即通过串入一只 1～10kΩ 的固定电阻接到电源正电压 V_{CC}（或接至某一固定电压＋2.4V≤V≤4.5V 的电源上）；或非门、或门闲置的输入端引脚应接到低电平，即通过电阻接到电源地。

③ 若前级驱动能力允许，可以与使用的输入端并联。

（4）输入端通过电阻接地，电阻值的大小将直接影响电路所处的状态。当 R≤680Ω 时，输入端相当于逻辑"0"；当 R≥4.7kΩ 时，输入端相当于逻辑"1"。对于不同系列的器件，要求的阻值不同。

（5）输出端不允许并联使用，集电极开路门（OC）和三态输出门电路（3S）除外；否则，不仅会使电路逻辑功能混乱，而且会导致器件损坏。

（6）输出端不允许直接接地或直接接＋5V 电源，否则将损坏器件。有时为了使后级电路获得较高的输出电平，允许输出端通过电阻 R 接至 V_{CC}，一般取 R＝3～5.1kΩ。

8.3.2 CMOS 集成电路使用规则

CMOS 集成电路在使用过程中是不允许在超过极限的条件下工作的。当电路在超过最大额定值条件下工作时，很容易造成电路损坏，或者使电路不能正常工作。在使用 CMOS 集成电路时，工作电压的极性必须正确无误，如果颠倒错位，在电路的正负电源引出端或其他有关功能端上，只要出现大于 0.5V 的反极性电压，就会造成电路的永久失效。虽然 CMOS 集成电路的工作电压范围很宽，如 CC4000 系列电路在＋3～＋18V 的电源电压范围内都能正常工作，在使用时应充分考虑以下几点。

1. 输入端的保护方法

在 CMOS 集成电路的使用中，要求输入信号幅度不能超过 V_{DD}－V_{SS}。输入信号电流绝对值应小于 10mA。如果输入端接有较大的电容 C 时，应加保护电阻 R，其阻值约为几十欧姆至几十千欧姆。

2. 多余输入端的处置

CMOS集成电路多余输入端的处置比较简单，下面以或门、与门为例进行说明。如图 8—9(a)所示，或门（或非门）的多余输入端应接至 V_{SS} 端；与门（与非门）的多余输入端应接至 V_{DD} 端。当电源稳定性差或外界干扰较大时，多余输入端一般要通过一个电阻再与电源（或地）相连，如图 8—9(b)所示，R 的阻值约为几百千欧姆。

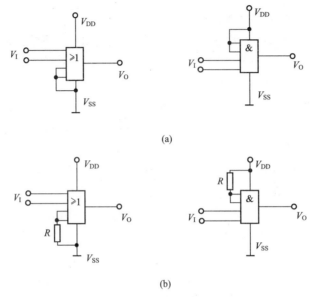

(a)

(b)

图 8—9 多余输入端的处置

另外，采用输入端并联的方法来处理多余的输入端也是可行的。但这种方法只能在电路工作速度不高，功耗不大的情况下使用。

3. 多余门的处置

CMOS集成电路在一般使用中，可将多余门的输入端接 V_{DD} 或 V_{SS}，而输出端可悬空不管。当用 CMOS 集成电路驱动较大输入电流的元器件时，可将多余门按逻辑功能并联使用。

4. 输出端的使用方法

在高速数字系统中，负载的输入电容将直接影响信号的传输速度，在这种情况下，CMOS集成电路的扇出系数一般为 10～20。此时，如果输出能力不足，通常的解决方法是选用驱动能力较强的缓冲器（如四同相/反相缓冲器 CC4041），以增强输出端吸收电流的能力。

8.4 仪器、设备安全使用注意事项

每台电子仪器都有规定的操作规程和使用方法，使用者必须严格遵守。一般电子仪器使用前后以及在使用过程中，都应该从以下几个方面引起注意，这样可以确保人身安全和仪器安全，防止事故和故障，以提高设备的使用寿命。

1. 仪器开机前的注意事项

(1) 在开机通电前，应检查仪器设备的工作电压与电源电压是否相符。

(2) 在开机通电前，应检查仪器面板上各种开关、旋钮、接线柱、插孔等是否松动或滑位，如果发生这些现象应加以紧固或整位，以防止因此而牵断仪表内部连线，甚至造成断开、短路以及接触不良等人为故障。

（3）在开机通电前，应检查电子仪器的接地情况是否良好，这关系到测量的稳定性、可靠性和人身安全问题。

2. 仪器开机时的注意事项

（1）在开机通电时，应使仪器预热 5～10 分钟，待仪器稳定后再行使用。

（2）开机通电时，应注意观察仪器的工作情况，如果发现仪器内部有响声、臭味、冒烟等异常现象，应立即切断电源，在尚未查出原因之前，应禁止再次开机通电，以免扩大故障。

（3）在开机通电时，如发现仪器的熔丝被烧断，应调换相同容量的保险管，如果第二次通电又烧断保险管，应立即检查，不应再调换保险管进行第三次通电，更不应随便加大熔丝容量；否则，会导致仪器内部故障扩大，甚至会烧坏电源变压器或其他元件。

（4）对于内部有通风设备的电子仪器，在开机通电后，应注意仪器内部电风扇是否运转正常，如发现风扇有碰片声或旋转缓慢，甚至停转，应立即切断电源进行检修；否则，通电时间久了，将会使仪器工作温度过高，烧坏电风扇或其他元件。

3. 仪器使用中的注意事项

（1）仪器在使用过程中，对面板上的各种旋钮、开关的作用及正确使用方法，必须预先了解，对旋钮、开关的扳动和调节动作应缓慢稳妥，当遇到转动困难时，不能硬扳硬转，以免造成松动、滑位、断裂等人为故障；对于输入、输出电缆的插接或取离应握住管套，不应直接扯电缆线，以免拉断内部导线。

（2）消耗电功率较大的电子仪器，在使用过程中切断电源后，不能再次立即开机使用，一般应等仪器冷却 5～10 分钟后再开机；否则，可能会引起熔丝烧断。

（3）信号发生器的输出端，不能直接连到有直流电压的电路上，以免电流注入仪器的低阻抗输入衰减器，烧坏衰减器电阻元件。必要时，应串联一个相应的工作电压和适当容量的耦合电容器后，再引入信号的测试电路上。

（4）为防止静电感应，焊接烙铁、测量仪器等必须良好接地。测试时，应先连接低电位端（即地线），然后再连接高电位端。测试完毕应先拆高电位端，后拆低电位端；否则，会使仪器过荷，甚至会打坏仪表指针。

（5）为避免瞬态电压损坏器件，禁止通电下拆装电路。

（6）开机时应该先通电源后加信号，关机时应该先撤信号后断电源。

4. 仪器使用后的注意事项

（1）仪器使用完毕，应先切断仪器电源开关，然后取下电源插线。应禁止只拔掉电源线而不关断仪器电源开关的不良做法，也不要只关断仪器电源开关而不取离电源线。

（2）仪器使用完毕，应将使用过程中暂时取离或替换的零附件（如接线柱、插件等）整理并复位，以免散失或配错而影响以后使用。必要时应将仪器加罩，以免沾积灰尘。

5. 电子仪器防漏电检查

电子仪器在使用过程中应防止漏电。因为电子仪器大都采用市电供电，因此防漏电是关系到安全使用的重要措施。特别是对于采用双芯电源插头，而仪器又没有接地措施的电子仪器更应进行防漏电检查。如果仪器内部电源变压器的初级绕组对机壳之间严重漏电，仪器机壳与地面之间就可能会有相当大的交流电压（100～200V），这样，人手碰到仪器外壳时，就会产生麻电感，甚至会发生触电的人身事故。对此，应对仪器进行漏电程度的检查。检查方法如下：

（1）仪器在不通电的情况下，把电源开关扳到"通"的位置，用兆欧表检查仪器电源插头（火线）对机壳之间的绝缘是否符合要求。一般规定，电器用具的最小允许绝缘电阻不得低于 500kΩ；否则，应禁止使用，进行检修。

（2）没有兆欧表时，在预先采取防电措施下，把仪器接通交流电源，然后用万用表 250V 交流电压挡进行漏电检查。具体做法是，将万用表的一个表笔接到仪器的机壳或"地"线接线柱上，另一表笔分别接到双孔电源插座孔内，若两次测量无电压指示或指示电压很小，则无漏电现象；如有一次表笔接到火线端，电压指示大于 50V，则表明被测仪器漏电程度超出安全值，应禁止使用，进行检修。

应当指出，由于仪器内部静电感应作用，有的电子仪器的机壳对"地"线之间会有相当大的交流感应电压，某些电子仪器的电源变压器初级采用了电容平衡式高频滤波电路，它的机壳对"地"线之间也会有 110V 左右的交流电压，但上述机壳电压都没有负荷能力，如果使用内阻较小的低量程电压表测量，其电压值就会下降到很小。

8.5 常用仪器仪表的使用

8.5.1 示波器的使用

常用示波器如图 8—10 所示。为防止示波器光迹过亮损坏屏幕，开机前应将亮度旋钮逆时针调至较小处，扫描方式（SWEEPMODE）于"自动"（AUTO），触发信号耦合方式（COUPLING）于"AC"与"常态"。

1. 显示基线

垂直方式（MODE）调于"CH1"或"CH2"，对应路的输入耦合方式（AC‐GND‐DC）调于"接地"（GND）。触发源（SOURCE）选择"CH1"或"CH2"（或"INT"）。开机后，若看不到光迹，可调节亮度、X 轴位移、Y 轴位移旋钮，出现亮度合适且位于屏幕中心的扫描光迹后，再调节聚焦旋钮使之清晰。

2. 测量示波器方波校正信号

垂直方式（MODE）调于"CH1"或"CH2"，对应路的输入耦合方式（AC‐GND‐DC）调于"DC"，触发源（SOURCE）选择对应通道的信号"CH1"或"CH2"（或"INT"）。用高频探头（选择无衰减，即 1∶1 挡）将示波器的方波校正信号接至垂直方式对应的通道上。调节"扫描时间"（SEC/DIV）和"电平"（LEVEL）使显示波形稳定，且在水平方向显示 3～5 个波形，调节"垂直偏转灵敏度"（VOLTS/DIV）使波形在垂直方向的高度占四格以上，测出方波信号的电压幅值和周期。

3. 显示双踪波形

垂直方式（MODE）调于"双踪"（或"CHOP"、"ALT"），两路的输入耦合方式（AC‐GND‐DC）调于"DC"，触发源（SOURCE）选择适合的用做触发信号的某路信号"CH1"或"CH2"（或"INT"）。用高频探头将数字实验箱的两路时钟信号分别接至 CH1 与 CH2 通道上。调节"Y 轴位移"、"扫描时间"、"垂直偏转灵敏度"，观察双踪波形。

对于 YB4330 型示波器，将扫描方式由"自动"改为"锁定"，体验仪器自动稳定波形的功能。

8.5.2 数字万用表的使用

数字万用表表面如图 8—11 所示。表面上的数值均为最大量程，"V－"表示直流电压挡，"V～"表示交流电压挡，"μA"、"mA"、"A"都是电流挡，"Ω"是电阻测量挡。

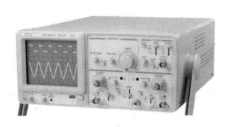

图8—10 常用示波器

图8—11 数字万用表

1. 电压的测量

(1) 直流电压的测量，如电池、随身听电源等。首先将黑表笔插进"com"孔（接地端），红表笔插进"V/Ω"。将量程旋钮打到直流电压挡"V－"比估计值大的量程，接着把表笔接电源或电池两端，保持接触稳定，从显示屏上读取数值。若显示为"1."，则表明量程太小，那么就要加大量程后再测量。如果在数值左边出现"－"，则表明表笔极性与实际电源极性相反，此时红表笔接的是负极。

(2) 交流电压的测量。表笔插孔与直流电压的测量一样，将量程旋钮打到交流挡"V～"处所需的量程。交流电压无正负之分，测量方法跟前面相同。

无论测交流电压还是直流电压，都要注意人身安全，不要随便用手触摸表笔的金属部分。

2. 电流的测量

(1) 直流电流的测量。先将黑表笔插入"COM"孔。若测量大于200mA的电流，则要将红表笔插入"10A"插孔并将旋钮打到直流"10A"挡；若测量小于200mA的电流，则将红表笔插入"200mA"插孔，将旋钮打到直流200mA以内的合适量程。调整好后，将万用表串进电路中，保持稳定，即可读数。若显示为"1."，那么就要加大量程；如果在数值左边出现"－"，则表明电流从黑表笔流进万用表。

(2) 交流电流的测量。测量方法与直流电流的测量相同，不过应该打到交流挡位。电流测量完毕应将红笔插回"V/Ω"孔。

3. 电阻的测量

将表笔插进"COM"和"V/Ω"孔中，把旋钮打旋到"Ω"中所需的量程，用表笔接在电阻两端金属部位，测量时不要把手同时接触电阻两端，以免人体电阻影响测量精确度。读数时，要保持表笔和电阻有良好的接触；在"200"挡时的单位是"Ω"，在"2k"到"200k"挡时单位为"kΩ"，"2M"以上的单位是"MΩ"。

4. 二极管的测量

数字万用表可以测量发光二极管、整流二极管等。测量时，表笔位置与电压测量一样，将旋钮旋到"V－"挡；用红表笔接二极管的正极，黑表笔接负极，这时会显示二极管的正向压降。肖特基二极管的压降是0.2V左右，普通硅整流管（1N4000、1N5400系列等）约为 0.7V，发光二极管为 1.8~2.3V。调换表笔，显示屏显示"1."则为正常，因为二极管的反向电阻很大，否则此管已被击穿。

5. 三极管的测量

表笔插位同上，其测量原理同二极管。先假定 A 脚为基极，用黑表笔与该脚相接，红表笔与其他两脚分别接触其他两脚；若两次读数均为 0.7V 左右，然后再用红表笔接 A 脚，黑表笔接触其他两脚，若均显示"1"，则 A 脚为基极，此管为 PNP 管，否则需要重新测量。

然后利用"hFE"挡来判断集电极和发射极。先将挡位打到"hFE"挡，可以看到挡位旁有一排小插孔，分为 PNP 和 NPN 管的测量。根据前面已经判断出的管型，将基极插入对应管型"b"孔，其余两脚分别插入"c"、"e"孔，此时读取的数值为 β 值；再固定基极，其余两脚对调；比较两次读数，读数较大的引脚位置与表面"c"、"e"相对应。

以上方法只能直接对如 9000 系列的小型管测量，若要测量大管，可以采用接线法，即用小导线将三个引脚引出。

6. MOS 场效应管的测量

N 沟道场效应管有国产的 3D01 系列、4D01 系列，日产的 3SK 系列等。

首先确定 G 极（栅极）。利用万用表的二极管挡。若某脚与其他两脚间的正反压降均大于 2V，即显示"1"，此脚即为栅极 G。再交换表笔测量其余两脚，压降小的那次测量中，黑表笔接的是 D 极（漏极），红表笔接的是 S 极（源极）。

7. 电容器测量

测量电容器必须把电容器的电放尽后才可以测量。把万用表量程转到"C"，有极性的要看好极性，将电容器插入专用插口（也有一种万用表不带专用插口就用表棒）测量。第二次重量必须放电后再测量，否则会打坏万用表。如测量未知容量必须先选择大量程测量。

8. 使用注意事项

（1）测试电阻一定要断电。

（2）测试直流电压，防止表笔短路，量程应选大的。

（3）注意四个插孔的使用，选择正确的孔。

（4）不知道量程时尽量选用较高的量程，以免损坏万用表。

（5）蜂鸣端不能用来测试电压以免损坏。它是用来测试电路是否是通路的。有蜂鸣声就是通路，没有就是电路不通。

8.6　数字电路实验装置的检查

数字电路实验装置如图 8—12 所示。

（1）用万用表测量电源、数据开关、单脉冲开关的输出电压是否符合要求。

（2）用导线将数据开关的输出分别与电平指示器相连。检查电平指示器的工作状况。

（3）用导线将正、负单脉冲开关的输出分别与电平指示器相连。当开关拨动一下，可得到一对正、负单脉冲。

（4）用导线将脉冲信号的输出与电平指示器相连。当信号为低频时，指示器应闪烁。

（5）用导线将四个数据开关分别与一位译码显示器的四个输入端相连。按 8421 码变化规律拨动数据开关，可观察到数码管显示对应的 0~9 十个数字。

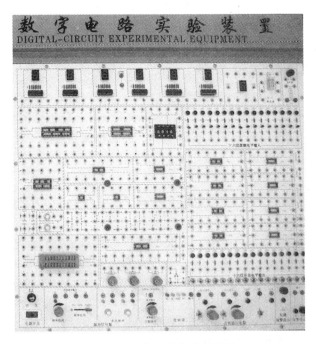

图 8—12 数字电路实验装置

8.7 数字电路的安装技术

任何一个设计电路都需要安装与反复调试后才能付诸实现,形成产品。因此电路的安装与调试技术对能否达到实验实训目的,取得正确数据起着重要的作用。

在电子工程中,元器件的固定可以采用焊接或接插两种方式。前者的优点是焊好的电路可以长期使用,因此适用定型的电子产品。但在电路的设计调试、实验阶段,因需灵活、方便地修改电路,通常采用接插方式。对于接插方式,可以在接插板(俗称面包板)上进行,实现元器件或导线的简单插入或拔出;也可以用实验箱上配备的集成电路插座和锁紧式接插件,利用专用的带插头的导线进行接线,以提高接插的可靠性。下面介绍安装电路的有关技术。

1. 连接导线的准备(针对需在面包板上连线的场合)

连接导线一般采用 0.5mm 的单股塑料铜芯线并具有多种颜色。习惯上正电源用红色导线,地线用黑色导线,信号线用其他颜色。

2. 带插头连线的使用

锁紧式接插件是指安装在实验箱上的插孔和两端带有插头的导线。连线时,插头插入插孔,插头上还可重叠再插。撤线时,以旋转方式拔出插头。

3. 合理的布局与布线

一般按实验图的输入、输出顺序布局,相邻元件应靠近放置。布线时,应尽可能选用不同颜色的连线,导线或元件尽可能不要跨越集成电路上方,以便检查线路连接正确与否。

4. 集成电路芯片的使用

集成电路芯片使用前应检查引脚排列是否整齐,与接插板孔眼是否相配,否则可用镊子调整。集成电路芯片的正方向按引脚朝下、缺口在左侧定义。引脚编号以正方向的左下角起逆时针顺数。插入时要按集成电路的正方向且各引脚对准接插板孔眼插，取出时禁止用手直接拔取，应使用镊子。插、取时用力均要均匀，以免损伤集成电路引脚。

8.8 数字电路的调试技术

数字电路的调试可按下述三步进行。

1. 通电前检查

电路接好后，在不通电的情况下，首先进行下面的直观检查。

（1）电源线、地线、信号线、元件引脚之间有无短路、接触不良。连线复杂时可用万用表的蜂鸣挡（≤200Ω）检查，短路时鸣叫。

（2）二极管、三极管、电解电容等引脚有无错接，集成芯片的方向有无插反等。

2. 通电检查

直观检查无误后，将电源加入电路。电路通电后，不要急于测试，首先应观察有无异常现象，包括有无冒烟，是否闻到异常气味，元件是否发烫等。如果出现异常，应立即断电，待排除故障后方可重新通电实验。

3. 通电调试

调试是指用测量仪器测试电路相关工作点的状态，检查是否符合预定的逻辑功能。根据电路的工作性质，有静态调试与动态调试两种。

（1）静态调试。给电路输入端加固定的高、低电平，用万用表、逻辑笔或发光二极管（LED）检查电路相关点的静态输出响应，如输出电平、逻辑关系等。

（2）动态调试。给电路输入端加一串脉冲信号，用示波器观察电路相关点的动态输出响应，如波形形状、相位关系、频率等。

对于简单电路或定型产品，整个电路安装完毕后，实行一次性调试。对于复杂的电路，按其功能分块进行调试，在分块调试的基础上，最后完成整机联调。

8.9 数字电路测试及故障查找、排除

在数字电路实验中，一般产生故障的原因有四个方面：器件故障、接线错误、设计错误和测试方法不正确。在查找故障过程中，首先要熟悉经常发生的典型故障。

1. 器件故障

首先观察元件有无损坏迹象，如集成块引脚、导线有无脱落、折断，触摸元件外壳是否过热，检查元件或导线是否存在接触不良等，集成电路的输入引脚有否悬空、电源是否正常加入等。

器件故障是器件失效或器件接插问题引起的故障，表现为器件工作不正常。器件失效肯定会引起工作不正常，这需要更换一个好器件。器件接插问题，如引脚折断或者器件的某个（或某些）引脚没插到插座中，也会使器件工作不正常。对于器件接插错误有时不易发现，需仔细检查。

判断器件失效的方法是用集成电路测试仪测试器件。需要指出的是，一般的集成电路测试仪只能检测器件的某些静态特性。对负载能力等静态特性，以及上升沿、下降沿、延迟时间等动态特性，一般的集成电路测试仪不能测试，必须使用专门的集成电路测试仪。

2. 接线错误

接线错误是最常见的错误。常见的接线错误包括忘记接器件的电源和地；连线与插孔接

触不良；连线经多次使用后，有可能外观完好，但内部线断；连线多接、漏接、错接；连线过长、过乱造成干扰。接线错误造成的现象多种多样，如器件的某个功能块不工作或工作不正常，器件不工作或发热，电路中一部分工作状态不稳定，等等。

解决方法大致包括：熟悉所用器件的功能及其引脚号，知道器件每个引脚的功能；器件的电源和地一定要接对、接好，检查连线和插孔接触是否良好；检查连线有无错接、多接、漏接；检查连线中有无断线。最重要的是接线前要画出接线图，按图接线，不要凭记忆随想随接；接线要规范、整齐，尽量走直线、短线，以免引起干扰。

3. 设计错误

设计错误自然会造成与预想的结果不一致。原因是对实验要求没有吃透，或者是对所用器件的原理没有掌握，因此实验前一定要理解实验要求，掌握实验线路原理，精心设计。初始设计完成后一般应对设计进行优化。最后画好逻辑图及接线图。

4. 测试方法不正确

如果不发生前面所述的三种错误，实验一般会成功。但有时测试方法不正确也会引起观测错误。例和，一个稳定的波形，如果用示波器观测，而示波器没有同步，则造成波形不稳的假象。因此要学会正确使用所用仪器、仪表。在数字电路实验中，尤其要学会正确使用示波器。

当实验中发现结果与预期不一致时，应仔细观测现象，冷静思考问题所在。首先检查仪器、仪表的使用是否正确。在正确使用仪器、仪表的前提下，按逻辑图和接线图逐级查找问题出现在何处。通常从发现问题的地方，一级一级向前测试，直到找出故障的初始发生位置。

在故障的初始位置处，首先检查连线是否正确。前面已说过，实验故障绝大部分是由接线错误引起的，因此检查一定要认真、仔细。确认接线无误后，检查器件引脚是否全部正确插进插座。有无引脚折断、弯曲、错插问题。确认无上述问题后，取下器件侧试，以检查器件好坏，或者直接换一个好器件。如果器件和接线都正确，则需考虑设计问题。

8.10 安全用电知识

为了更有效地利用电能，除了掌握电的客观规律外，还必须了解有关安全用电的知识，以提高供用电的安全技术水平。

8.10.1 电流对人体的作用

1. 电流对人体的伤害

如果不遵守操作规程或粗心大意，人体就会接触到电气设备的带电部分，以致引起局部受伤或死亡的现象称为触电。按人体的损伤程度不同，触电可分为电击和电伤两种。

（1）电击。电击是指电流流过人体时，在人体内部造成人体器官的损伤，当通过人体的电流很微小时，则仅触电部分的肌肉发生痉挛；若通过人体的电流超过一定值时，肌肉的痉挛将迅速加剧，使得触电者不能自觉脱离带电体。最后由于中枢神经系统的麻痹，使呼吸及心脏跳动停止，以致死亡。

（2）电伤。电伤是指人体外部的损伤，如电弧的烧伤等。

2. 安全电流及有关因素

触电时直接伤害人体的因素是电流。伤害程度与通过人体的电流大小有关，电流越大，伤害越厉害。实验证明，常见的 50～60Hz 工频电流的危险性最大，高频电流的危害性较小。当交流电（50Hz）电流大于 10mA、直流电超过 50mA 时，触电者已难于摆脱电源，触点位置感到剧痛。电流大小对人体的影响如表 8—1 所示。

表 8—1 不同电流对人体的影响

序号	触电电流/mA	触电反应	
		交流电/50Hz	直流电
1	0.6～1.5	开始有针麻感	无感觉
2	2～3	有强烈的针麻感	无感觉
3	5～7	肌肉有抽搐现象	有刺痛感、灼热感
4	8～10	已难于摆脱电源，体感剧痛	灼热感增加
5	20～25	不能摆脱电源，剧痛、麻痹、呼吸困难	抽搐
6	50～80	心脏震颤、呼吸急促	剧痛、呼吸困难
7	90～100	呼吸急促、心脏麻痹或停跳	呼吸麻痹

3. 安全电压和人体电阻

通过人体的电流值取决于所受的电压和人体电阻。人体各处电阻不一，其中肌肉和血液的电阻较小，皮肤的电阻最大，干燥的皮肤电阻为 $10^4 \sim 10^5\,\Omega$。当表皮角质破坏时降到 $800 \sim 1000\Omega$。人体的电阻还与触电持续时间有关，时间越长电阻越小，一般以 1000Ω 计算。触电时的接触面积、皮肤的潮湿、肮脏程度等对电阻的影响也很大。根据触电危险电流和人体电阻，可计算出安全电压为 36V。但电气设备环境越潮湿，使用安全电压就越低。

一般来说，在人体干燥时，65V 以上的电压是危险的，潮湿时 36V 以上的电压就有危险，因此国家规定在一般情况下 36V 为安全电压。但如果在潮湿场所或在金属构架上工作，安全电压等级还要降低，通常为 24V 或 12V。

8.10.2 触电急救

当发现有人触电时，应当及时抢救。方法是首先迅速切断电源，或采用绝缘物品（如干木棒等）迅速使电源线断开，使触电者脱离电源。

当触电者脱离电源被救下以后，如果处于昏迷状态，但尚未失去知觉，应使触电者在空气流通的地方静卧休息；同时请医生前来或送医院诊治。如果触电者有心跳但呼吸停止时需用人工呼吸的方法进行抢救。触电者既无心跳又无呼吸时，应采用胸外挤压法与人工呼吸法同时进行。

8.10.3 保护接地和保护接零

为了人身安全和电力系统工作的需要，要求电气设备采取接地措施。按接地目的的不同，可分为工作接地和保护接地。

1. 工作接地

为了保证电气设备在正常和事故情况下能可靠工作，常将系统的中性点接地，这种接地方式称为工作接地，如图 8—13 所示。

如果系统中性点不接地，当一相接地而人体触及另外两相中的任意一相时，触电电压就为线电压。但在中性点接地的系统中，触电电压等于或接近相电压，从而降低了触电电压，

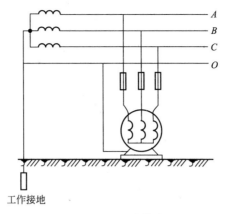

图8—13 工作接地

同时也降低了电气设备和输电线的绝缘水平。

2. 保护接地

将电气设备在正常运行时不带电的金属外壳或构架与大地作良好的电气连接称为保护接地。

在中性点不接地的系统中，当接到这个系统中的某台电动机由于其内部绝缘损坏而使机壳带电时，如果此时人体触及机壳，将有电流通过人体，并与分布电容构成回路从而使人触电，如图8—14(a)所示。

如果电动机采取了保护接地，则当人体触及外壳时，人体与接地装置构成并联支路，且由于人体电阻比接地电阻大得多，因此，由于分流作用，流过人体的电流变得很小，从而避免了触电的危险，如图8—14(b)所示。

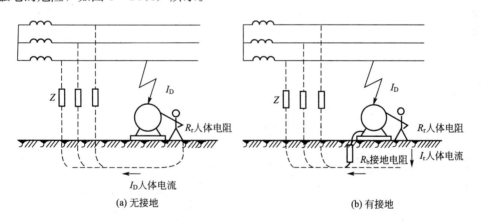

(a) 无接地   (b) 有接地

图8—14 保护接地

在中性点接地的三相四线制系统中不宜采用保护接地。

3. 保护接零

将电气设备的金属外壳或构架与供电系统的零线作可靠的连接称为保护接零，如图8—15所示。

采取了保护接零措施后，当电气设备的绝缘损坏时，相电压经过机壳到零线，形成通路而产生短路电流，由于短路电流很大，足以使保护装置迅速动作，将故障设备从电源切除，从而防止了人身触电的可能性。

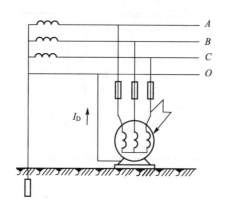

图 8—15 保护接零

保护接零宜用于中性接地的三相四线制供电系统中。保护接地和保护接零都是防止触电事故的有效措施，但必须强调以下几点：

（1）在同一供电系统中，不允许电气设备一部分采用接零保护，另一部分采用接地保护。因为当金属外壳接地的电气设备发生碰壳而开关没断开或熔丝未熔断时，零线与大地间就会出现电压（其大小等于接地短路电流乘以中性点的接地电阻），这将使其他采用接零保护的电气设备金属外壳对地都有较高的电压，这是非常危险的，容易造成触电事故。

（2）在采用保护接零时，接零的导线必须接牢固，以防脱线。在零线上不允许装熔断器和开关。

（3）为使火线碰壳时保护电器可靠地动作，要求接零、接地保护的导线要粗，阻抗不能太大，接地电阻一般规定不超过4Ω。因此，接地装置的安装要严格按照有关规定。在安装完毕后，必须定期严格检测接地电阻值，判断其是否合乎要求。

（4）中性点直接接地的供电系统采用保护接零，中性点不接地供电系统采用保护接地，不能搞错。

4．重复接地

低压电力设备采用保护接零时，除系统中点接地外，还必须在零线上的其他部分进行重复接地，按照中华人民共和国电力工业部《交流电气装置的接地 DL/T 621—1997》的规定：当建筑物内未作总等电位联结，且建筑物距低压系统电源接地点的距离超过50m时，低压电缆和架空线路在引入建筑物处，保护线（PE）或保护中性线（PEN）应重复接地，接地电阻不宜超过10Ω。零线的重复，应充分利用自然接地体，直流电力网的零线重复接地，应采用人工接地体，并不得与地下金属管道等连接。如果不进行重复接地，当线路中的零线发生断路时，要断路点以后的线路及电器设备就相当于中性点未接地，此时若发生单相短路故障时，则中性点相对于地电压升高了$\sqrt{3}$倍，即接近线电压，对人身危害很大。

8.10.4 电气防雷

1．雷电的危害

雷电的危害性主要有以下三种方式：

（1）直接雷击。不同电荷的云层之间，云层与地面之间在放电时电位差可达到几百万伏以上，放电的时间极短，而放电时电流极大，这种放电过程通过建筑物、电气设备和人畜时，将造成破坏和伤亡。

（2）静电感应雷击。由于雷电云层影响，使物体（包括建筑物）因静电感应而带有与雷电云层不同的电荷，或是雷电云层与地面建筑物放电时，因建筑物与大地间的导电性能不好，而使建筑物与大地之间，在极短的时间内产生很高的电位差（可达到 1kV～10kV），这时就会在物体与大地或物体与物体之间产生放电，造成建筑物和电气设备的破坏。

（3）电磁感应雷击。在雷电通过的地方附近，产生变化很快的强磁场，处在这种磁场中的导体因电磁感应而产生几万伏的电压，如果这些导体是闭合回路，则在导体内形成极大的电流；如果这些导体两端不闭合，但两端靠得很近，就会产生气隙火花放电，从而造成物体受热烧坏。

雷电的破坏作用是综合性的，包括电性质、热性质和机械性质的破坏作用。

2. 防雷电措施

根据不同的保护对象应采取相应的防雷电措施。

（1）人身防雷电措施。雷雨天，人们应尽量避免在野外逗留。若必须到户外时，应穿好雨衣。在建筑物或大树下避雨时，一定要离开墙壁或树干。

雷雨天，人们应尽量离开河边及烟囱、旗杆等地方。在室内，也要防止雷电侵入波的伤害，应尽量离开照明用线、电话线、各类天线。同时应关好门窗，防止"雷球"进入室内造成危害。

操作人员不能在雷雨天到室外检查线路。

（2）防止直接雷击措施。安装避雷线、避雷针是防止直接雷击的有效措施。避雷针又分独立避雷针和附设避雷针。独立避雷针是离开建筑物单独安装的，而附设避雷针是安装在建筑物顶部的。装有避雷针的建筑物，在建筑物顶部的所有金属导体都必须与避雷针连接成一个整体。

（3）防止感应雷击措施。防止感应雷击的主要措施是将保护物接地。感应雷击，特别是静电感应雷击能产生很高的冲击电压。为防止这种电压的产生，必须将建筑物内的金属设备、金属管道等装有良好的接地装置，这类接地装置可以与其他接地装置共用。

8.10.5 电气防火和防爆

1. 引起电气设备火灾或爆炸的原因

当电气设备发生事故时，很容易引起火灾，甚至爆炸，因此要积极预防。引起电气设备火灾或爆炸的原因很多，主要有以下几个方面：

（1）电网中的火灾大都是由短路引起的，短路时导线中的电流剧增，产生的大量热量引起燃烧，甚至熔化金属导线。短路一般发生在绝缘层损坏的地方，绝缘层易损的地方多在两导线接触点、导线穿墙部分、用金属器件连接导线的接头等。中性点接地的电气设备中由于一相或多相接地也容易造成短路。

（2）线路或电气设备长期过负荷运行，电流长期超过允许电流，可能使线路上的导线绝缘层燃烧，还可能使变压器及油断路器的油温过高，在电火花或电弧作用下燃烧并爆炸。

（3）导线接头处接触电阻过大，电路中的开关及触点接触不良，电气设备连续运行或过载时，该处过热引起燃烧。例如，电动机的启动器、蓄电池、家用电器及电表的导线与接线柱接触不良或虚接，时间一长该处不断打火，严重时烧毁绝缘层、熔化接线柱引起火灾。

（4）周围空间有爆炸性混合物或气体时，直流电动机换向器上的火花或静电火花都有可能引起火灾。

（5）违反电气设备使用规定。例如，电炉、电烙铁等使用后忘记切断电源，时间长了就有可能引起火灾。

2. 预防电火灾的措施

预防电火灾的措施有两个方面：一方面是妥善处理电力网和电气设备周围的易燃易爆物品，使它们远离可能引起火灾的地方，按火灾危险性选择房屋的耐火度及设备的安装环境等；另一方面是消灭引起电火灾的火源，有针对性地加以防范，主要措施如下：

（1）根据使用场所的条件合理选择电气设备的类型，对于容易引起火灾或爆炸危险的场所，使用和安装电气设备时，应选用防爆型、密封型等合适的类型。

（2）电力网合理布线，采用规定的导线，规定的布线方法（明装、暗装）等，严格遵守规定的导线间距、穿墙方式、绝缘瓷瓶或套管等。

（3）采用正确的继电保护措施，如短路保护、过流保护等。

（4）监视电气设备运行情况，防止过负荷运行。

（5）定期检查，保持电气设备通风良好，及时排除事故隐患。

（6）严格遵守安全操作规程和有关规定。

万一发生了电火灾，首先要切断电源，然后灭火并及时报警。若不切断电源会扩大事故并造成救火者触电。

8.10.6 静电的防护

1. 静电感应

将一导体放在电场中，导体中的自由电荷将做定向移动，然后达到平衡，导体两端各带等量异性电荷，这种现象称为静电感应。

静电是普遍存在的物理现象。其产生的原因有：两物体之间互相摩擦可产生静电，处在电场内的金属物体会感应静电，施加过电压的绝缘导体会残留静电。

2. 静电屏蔽

金属导体和金属网能够把外界的电场遮挡住，使其内部不受外界电场的影响，这种现象称为静电屏蔽，如图8—16所示。

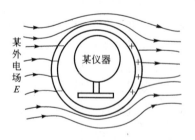

图8—16 空腔导体的静电屏蔽

应用静电屏蔽可以保护仪器、设备免遭外电场影响。例如，某些精密仪器为了免受外电场的干扰而将其置于金属罩内，某些电子设备、通信电缆电源部分采用的屏蔽线，在超高压作业时利用均压服等都是静电屏蔽的具体应用。

3. 防止静电危害的措施

静电同样会引起爆炸和火灾事故。因此，对静电的危害不可忽视。对静电的防护主要是控制静电的产生和控制静电的积累。

（1）控制静电的产生。控制静电的产生主要是控制工艺过程和控制工艺过程中所用材料的选择。

（2）控制静电的积累。控制静电的积累主要是设法加速静电的泄漏和中和，使静电的积累不超过安全限度。

接地、增湿、加入抗静电添加剂等均属于加速静电泄漏的方法。运用感应中和器、高压中和器、放射线中和器等装置消除静电危害的方法也是防止静电危害的有效措施。

第9章 数字电路实验

 课前导读

　　一个正确的电路设计拿到工厂去制造，并不一定能被百分之百正确地制造出来，因为总会受到种种不确定性因素的影响，比如制造机器的偏差、环境干扰、芯片的质量不一致甚至是一些人为的失误等方面的影响，生产出的产品并不全都是完好的。

　　案例1：

　　随着集成芯片功能的增强和集成规模的不断扩大，芯片的测试变得越来越困难，测试费用往往比设计费用还要高，测试成本已成为产品开发成本的重要组成部分，测试时间的长短也直接影响到产品上市的时间，进而影响经济效益。如果芯片存在故障，是绝对不允许流入市场中的。图9—1所示的是一个芯片封装测试车间，员工正在对芯片进行封装和测试。

图9—1　芯片封装测试生产车间

　　案例2：

　　技嘉GA－H61M－DS2H Rev2.0主板如图9—2所示。该主板集成了Intel H61芯片组、显示芯片、音频芯片和网卡芯片等。计算机主板的电路复杂，元器件密集。

　　由于各种功能的数字电路需要通过电路的连接来实现，所以连接的元器件就显得非常重

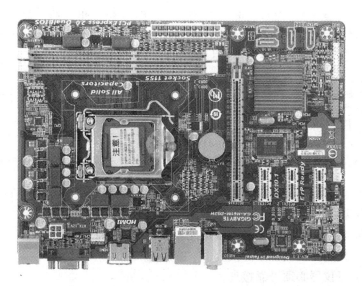

图 9—2　技嘉 GA‑H61M‑DS2H Rev2.0 主板

要。在实验操作之前，首先要对实验所用元器件的功能非常熟悉，这样才能正确地利用元器件组建各种电路并验证电路的功能。

实验 1　集成逻辑门电路的逻辑功能测试

1. 实验目的

(1) 掌握常用 TTL、CMOS 集成门电路逻辑功能测试方法。

(2) 熟悉集成电路的外引线排列及其使用方法。

(3) 熟悉 CMOS 集成电路使用注意事项。

(4) 掌握示波器、万用表的使用方法。

2. 实验设备与器件

数字电路实验台一台，双踪示波器一台，数字万用表一台。

74LS00、74LS86、74LS51、CC4001 各一片。

3. 实验原理

目前常用的数字集成电路芯片多为双列直插式封装，其引脚数有 14、16、20、24 等多种。引脚号码识别方法是：正对集成电路型号（即能正视芯片名称字迹标识，且芯片的缺口或小圆点在左侧），从左下角开始按逆时针方向顺序递增。一般芯片引脚图中字母标识 A、B、C、D、I 为电路的输入端，E、G 为电路的使能端，NC 为空脚，Y、Q 为电路的输出端。

(1) TTL 门电路。TTL 门电路的工作电源电压为 $5V\pm0.5V$，输出逻辑 1（即高电平）$\geqslant3.6V$ 时，逻辑 0（即低电平）$\leqslant0.4V$ 时。

74LS00 为 TTL4‑2 输入与非门，它具有 4 个独立的 2 输入与非门，其引脚图如图 9—3 所示，输出逻辑表达式为 $Y=\overline{AB}$。

74LS86 为 4‑2 输入异或门，它具有 4 个独立的 2 输入异或门，其引脚图如图 9—4 所示，输出逻辑表达式为 $Y=\overline{A}B+A\overline{B}=A\oplus B$。

74LS51 是双路 3‑3、2‑2 输入与或非门电路，其引脚图如图 9—5 所示，2‑2 输入与或非门输出逻辑表达式为 $Y=\overline{AB+CD}$。

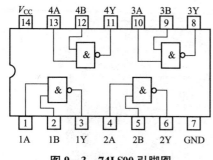

图 9—3　74LS00 引脚图　　　　　　图 9—4　74LS86 引脚图

（2）CMOS 门电路。CMOS 集成电路功耗极低，输出幅度大，噪声容限大，扇出能力强，电源范围较宽，应用很广。但 CMOS 电路应用时应注意以下几点：

① 不用的输入端不能悬空，必须根据逻辑需要接高电平或接地。

② 电源电压使用要正确，不能接反。

③ 焊接或测量仪器必须可靠接地。

④ 不得在通电情况下，随意拔插输入接线。

⑤ 输入信号电平应在 CMOS 标准逻辑电平之内。

CMOS 集成门电路逻辑符号，逻辑关系及引脚排列方法均同 TTL，所不同的是型号和电源电压范围，选用 CC4000（CD4000）系列的 CMOS 集成电路，电源电压范围为 +3～+18V，而 C000 系列，电源电压为 +7～+15V。

CC4001 为 4-2 输入或非门，具有 4 个独立的或非门，其引脚图如图 9—6 所示，输出逻辑表达式为 $Y=\overline{A+B}$。

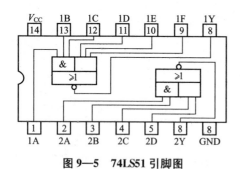

图 9—5　74LS51 引脚图　　　　　　图 9—6　CC4001 引脚图

4. 实验内容和操作步骤

（1）74LS00 功能测试。操作步骤如下：

① 将 74LS00 插入面包板，参照引脚图把门电路输入端 A、B 接逻辑开关，输出端 Y 接发光二极管，接通电源，改变 A、B 状态，观测发光二极管亮暗（灯亮为 1，灯暗为 0），将结果填入表 9—1。

表 9—1　　　　　　　　　　　　　　门电路功能表

输入		输出		
		74LS00	74LS86	CC4001
A	B	$Y=\overline{AB}$	$Y=A\oplus B$	$Y=\overline{A+B}$
0	0			

（续前表）

输入		输出		
		74LS00	74LS86	CC4001
0	1			
1	0			
1	1			

② 用万用表测输出"0"电平的电压值：＿＿＿＿＿＿＿，输出"1"电平的电压值：＿＿＿＿＿＿＿＿。

（2）74LS86 功能测试。操作步骤如下：

① 将 74LS86 插入面包板，并把门电路输入端 A、B 接逻辑开关，输出端 Y 接发光二极管，接通电源，改变 A、B 状态，观测发光二极管亮暗，将结果填入表 9—1。

② 将异或门的一个输入端 A 接实验台上的脉冲信号，另一个输入端 B 接逻辑开关，如图 9—7(a) 所示，用双踪示波器观察输入 A、输出 Y 的波形，观察 B 为 0、B 为 1 时输出 Y 的波形。完成图 9—7(b) 中的"Y"的波形图，根据 Y 的波形可得出结论：$A \oplus 0 = $＿＿＿＿＿，$A \oplus 1 = $＿＿＿＿＿。

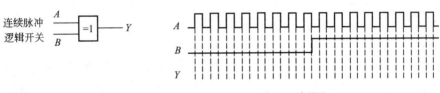

(a) 异或门逻辑电平对信号的控制　　　　　(b) 波形图

图 9—7　异或门逻辑电平对信号的控制

（3）CMOS 门电路 CC4001 功能测试。操作步骤如下：

① 将 CC4001 插入面包板，输入端接逻辑开关，输出端接发光二极管，接通电源（$U_{DD} = +5V$，$U_{SS} = 0V$），改变 A、B 状态，观测发光管，结果填入表 9—1 中。特别要注意，CMOS 集成电路不用的输入端不能悬空。例如，选取第一个门进行测试，引脚 1、2 接逻辑开关，引脚 3 接发光二极管，其他三个门的输入端即引脚 5、6、8、9、12、13 必须接地。

② 用万用表测输出"0"电平的电压值：＿＿＿＿＿＿＿，输出"1"电平的电压值：＿＿＿＿＿。

（4）测试 74LS51 对信号的控制。按照图 9—8 所示连接电路，A 接连续脉冲，B、C、D 接逻辑开关，观察输出波形是否符合表 9—2。

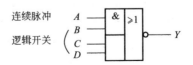

**图 9—8　与或非门逻辑电平
对信号的控制**

表 9—2　　　　　　　　　74LS51 对信号的控制功能表

输入				输出
A	B	C	D	$Y=\overline{AB+CD}$
脉冲信号	0	0	0	1
	0	0	1	1
	0	1	0	1
	0	1	1	0
	1	0	0	$\overline{A}$
	1	0	1	$\overline{A}$
	1	1	0	$\overline{A}$
	1	1	1	0

5. 实验报告要求

按照实验内容和操作步骤，完成电路测试并记录测试数据。

6. 问题探究

(1) TTL 门电路功能测试，输入端若不接逻辑开关，输入高电平 1 时输入端如何接？输入低电平 0 时输入端如何接？

(2) CMOS 电路输入端为什么不能悬空？为什么 TTL 与非门输入端悬空相当于输入逻辑高电平？

(3) 如果要用 74LS51 实现 $Y=\overline{AB}$ 或 $Y=\overline{A+B}$，应如何连接电路？画出原理图。

(4) 如果 CC4001 功能测试时电源电压用 12V，则用万用表测输出"0"电平的电压应为多少？输出"1"电平的电压应为多少？

实验 2　TTL 门电路主要参数的测试

1. 实验目的

(1) 掌握 TTL 与非门电路参数的意义及其测试方法。

(2) 掌握与非门电压传输特性测试方法。

2. 实验设备与器件

数字电路实验台一台，万用表二台。

74LS20 一片，200Ω 电阻一只，1kΩ 电位器一只，10kΩ 电位器一只。

3. 实验原理

集成电路器件的参数是反映其性能及选择和使用器件的基本依据。集成电路的典型参数测试，是用户在使用器件之前对器件进行筛选的必要环节。

TTL 与非门的主要参数有：输出高电平电压 U_{OH}、输出低电平电压 U_{OL}、输入短路电流 I_{IS}、输入漏电流 I_{IH}、扇出系数 N_O、开门电平 U_{ON}、关门电平 U_{OFF} 等。

(1) 输出高电平电压 U_{OH}。输出高电平 U_{OH} 就是电路的关态输出电平，即电路输入有一个以上接低电平时的输出电平值。一般 $U_{OH}\geqslant2.4V$，典型值为 3.6V。

(2) 输出低电平电压 U_{OL}。输出低电平 U_{OL} 就是与非门的开态输出电平，即所有输入端均接高电平时的输出电平值。一般 $U_{OL}\leqslant0.4V$，典型值为 0.3V。

(3) 输入短路电流 I_{IS}。I_{IS} 是指一个输入端短路，其余端开路，输出空载时，流出接地输入端的电流。I_{IS}太大将影响前级门的扇出系数。一般产品规定指标 $I_{IS} \leqslant 1.5\text{mA}$。

（4）输入漏电流 I_{IH}。I_{IH}指输入端一端接高电平，其余输入端接地时，流入接高电平输入端的电流。该电流主要为前一级门输出为高电平时的拉流。一般产品规定指标 $I_{IH} \leqslant 70\mu\text{A}$。

（5）开门电平 U_{ON}。U_{ON}是指与非门带等效额定负载（$N_O = 8$）时，输出为额定低电平时的最低输入电压。产品规定指标 $U_{ON} \leqslant 1.8\text{V}$。

（6）关门电平 U_{OFF}。U_{OFF}是指输出电平达到额定高电平的 90% 时的输入电平。产品规定指标 $U_{OFF} \geqslant 0.8\text{V}$。

（7）扇出系数 N_O。扇出系数 N_O 是指门电路能驱动同类门的个数，它是衡量门电路负载能力的一个参数。产品规定指标 $N_O \geqslant 8$。

（8）电压传输特性曲线。电压传输特性曲线是指输出电压 U_O 随输入电压 U_I 变化的关系曲线。电压传输特性是 TTL 与非门的重要特性，从电压传输特性曲线中可以了解到开门电平、关门电平和抗干扰能力等参数的意义。

本实验采用四输入双与非门 74LS20，即在一个集成块内含有两个互相独立的与非门，每个与非门有四个输入端。其逻辑框图、符号及引脚排列如图 9—9 所示。逻辑表达式为 $Y = \overline{ABCD}$。

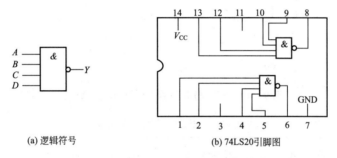

(a) 逻辑符号　　　　(b) 74LS20引脚图

图 9—9　74LS20 逻辑框图及逻辑符号

4．实验内容和操作步骤

（1）验证 74LS20 逻辑功能。与非门的逻辑功能是：当输入端中有一个或一个以上是低电平时，输出端为高电平；只有当输入端全部为高电平时，输出端才是低电平（即有"0"得"1"，全"1"得"0"）。验证 74LS20 逻辑功能，将结果填入表 9—3 中。

表 9—3　　　　　　　　　　　　　　74LS20 功能表

输入				输出
A	B	C	D	$Y = \overline{AB}$
0	0	1	1	
0	1	1	1	
1	0	1	1	
1	1	1	1	
1	1	0	1	
1	1	1	0	

（2）74LS20 主要参数的测试。操作步骤如下：

① 低电平输出电源电流 I_{CCL} 和高电平输出电源电流 I_{CCH}。与非门处于不同的工作状态，

电源提供的电流是不同的。I_{CCL}是指所有输入端悬空，输出端空载时，电源提供给器件的电流。I_{CCH}是指输出端空载，每个门各有一个以上的输入端接地，其余输入端悬空，电源提供给器件的电流。通常$I_{CCL} > I_{CCH}$，它们的大小标志着器件静态功耗的大小。I_{CCL}和I_{CCH}测试电路如图9—10(a)、(b) 所示，测试结果记入表9—4中。

② 低电平输入电流I_{IL}和高电平输入电流I_{IH}。I_{IL}是指被测输入端接地，其余输入端悬空，输出端空载时，由被测输入端流出的电流值。在多级门电路中，I_{IL}相当于前级门输出低电平时，后级向前级门灌入的电流，它关系到前级门的灌电流负载能力，即直接影响前级门电路带负载的个数，因此希望I_{IL}小些。

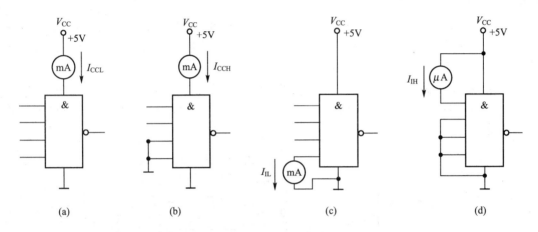

图9—10   TTL 与非门静态参数测试电路图

表9—4   74LS20 主要参数的测试数据表

I_{CCL}/mA	I_{CCH}/mA	I_{IL}/mA	I_{IH}/μA	I_{OL}/mA	$N_O = \dfrac{I_{OL}}{I_{IL}}$

I_{IH}是指被测输入端接高电平，其余输入端接地，输出端空载时，流入被测输入端的电流值。在多级门电路中，它相当于前级门输出高电平时，前级门的拉电流负载，其大小关系到前级门的拉电流负载能力，希望I_{IH}小些。由于I_{IH}较小，需用微安表测试，或免于测试。

I_{IL}与I_{IH}的测试电路如图9—10(c)、(d) 所示。测试结果记入表9—4中。

③ 扇出系数N_O。扇出系数N_O是指门电路能驱动同类门的个数，它是衡量门电路负载能力的一个参数，TTL 与非门有两种不同性质的负载，即灌电流负载和拉电流负载，因此有两种扇出系数，即低电平扇出系数N_{OL}和高电平扇出系数N_{OH}。通常$I_{IH} < I_{IL}$，则$N_{OH} > N_{OL}$，故常以N_{OL}作为门的扇出系数。

N_{OL}的测试电路如图9—11所示，门的输入端全部悬空，输出端接灌电流负载R_L，调节R_L使I_{OL}增大，V_{OL}随之增高，当V_{OL}达到V_{OLm}（规定低电平规范值 0.4V）时的I_{OL}就是允许灌入的最大负载电流，则$N_{OL} = \dfrac{I_{OL}}{I_{IL}}$，通常$N_{OL} \geq 8$。

按图9—11接线并进行测试，将测试结果记入表9—4中，并计算出N_{OL}。

74LS20 主要电参数规范如表9—5所示。

表 9—5

参数名称和符号			规范值	单位	测试条件
直流参数	通导电源电流	I_{CCL}	<14	mA	$V_{CC}=5V$，输入端悬空，输出端空载
	截止电源电流	I_{CCH}	<7	mA	$V_{CC}=5V$，输入端接地，输出端空载
	低电平输入电流	I_{IL}	≤1.4	mA	$V_{CC}=5V$，被测输入端接地，其他输入端悬空，输出端空载
	高电平输入电流	I_{IH}	<50	μA	$V_{CC}=5V$，被测输入端 $V_{IN}=2.4V$，其他输入端接地，输出端空载
			<1	mA	$V_{CC}=5V$，被测输入端 $V_{IN}=5V$，其他输入端接地，输出端空载
	输出高电平	V_{OH}	≥3.4	V	$V_{CC}=5V$，被测输入端 $V_{IN}=0.8V$，其他输入端悬空，$I_{OH}=400\mu A$
	输出低电平	V_{OL}	<0.3	V	$V_{CC}=5V$，被测输入端 $V_{IN}=2.0V$，$I_{OL}=12.8mA$
	扇出系数	N_O	4~8	V	同 V_{OH} 和 V_{OL}

（3）电压传输特性。门的输出电压 v_O 随输入电压 v_I 而变化的曲线 $v_O=f(v_I)$ 称为门的电压传输特性，通过它可读出门电路的一些重要参数，如输出高电平 V_{OH}、输出低电平 V_{OL}、关门电平 V_{OFF}、开门电平 V_{ON}、阈值电平 V_T 及抗干扰容限 V_{NL}、V_{NH} 等值。测试电路如图 9—12 所示，采用逐点测试法，即调节 R_W，使 v_I 从 0V 向高电平变化，逐点测得 V_I 及 V_O 的对应值，记入表 9—6 中，并画出电压传输特性曲线图。

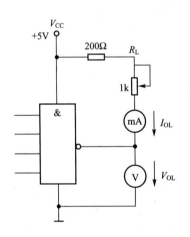

图 9—11 扇出系数试测电路

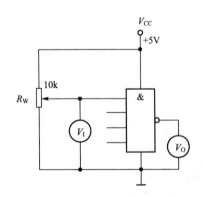

图 9—12 传输特性测试电路

表 9—6　　　　　　　　　　　　　　　　　　电压传输特性

V_I/V	0	0.2	0.4	0.6	0.8	1.0	1.2	1.5	2.0	2.5	3.0	3.5	4.0	…
V_O/V														

5．实验报告要求

按照实验内容和操作步骤，完成电路的测试并记录测试数据。

6．问题探究

（1）测量扇出系数 N_O 的原理是什么？为什么只计算输出低电平时的负载电流值，而不考虑输出高电平的负载电流？

（2）根据 74LS20 电压传输特性曲线图估算输出高电平 V_{OH}、输出低电平 V_{OL}、关门电平 V_{OFF}、开门电平 V_{ON} 分别是多少？

（3）实验中所得 I_{CCL} 和 I_{CCH} 为整个器件值，而单个门电路的 I_{CCL} 和 I_{CCH} 是多少？

实验 3　组合逻辑电路的设计与测试

1. 实验目的

（1）掌握组合逻辑电路的设计方法。

（2）掌握电路芯片的资料查询和选用方法。

（3）掌握组合逻辑电路的安装及调试方法。

2. 实验设备与器件

数字电路实验台一台，万用表一台。

根据实际设计的电路确定元件清单。

3. 实验原理

（1）使用中、小规模集成电路设计组合电路是最常见的逻辑电路。设计组合电路的一般步骤如图 9—13 所示。

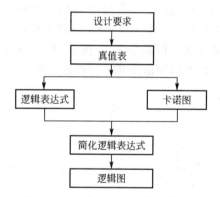

图 9—13　组合逻辑电路设计流程图

（2）根据设计的逻辑电路，查询芯片资料确定合适的芯片及数量，验证设计结果。

（3）组合逻辑电路设计举例。

【例 1】　要求用"与非"门设计一个表决电路。当四个输入端中有三个或四个为"1"时，输出端才为"1"。设计步骤如下：

（1）根据题意设四个输入为 A、B、C、D，输出为 Z，列出真值表如表 9—7 所示，再填入卡诺图，见表 9—8。

表 9—7　　　　　　　　　　真值表

A	0	0	0	0	0	0	0	0	1	1	1	1	1	1	1	1
B	0	0	0	0	1	1	1	1	0	0	0	0	1	1	1	1
C	0	0	1	1	0	0	1	1	0	0	1	1	0	0	1	1
D	0	1	0	1	0	1	0	1	0	1	0	1	0	1	0	1
Z	0	0	0	0	0	0	0	1	0	0	0	1	0	1	1	1

表 9—8　　　　　　卡诺图

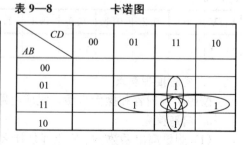

（2）基本逻辑门共有 8 种：与门、或门、非门、与非门、或非门、与或非门、异或门、异或非门。化简的要求是用最少的基本逻辑门电路达到结果。

由卡诺图化简得出逻辑表达式，并演化成"与非"的形式。

$$Z = ABC + BCD + ACD + ABD = \overline{\overline{ABC} \cdot \overline{BCD} \cdot \overline{ACD} \cdot \overline{ABC}}$$

（3）根据逻辑表达式画出用"与非门"构成的逻辑电路如图 9—14 所示。

（4）验证逻辑功能。根据图 9—14 的表决电路逻辑图，查询芯片资料，选择使用双四输入与非门 74LS20 芯片三片，74LS20 芯片引脚图如图 9—15 所示。

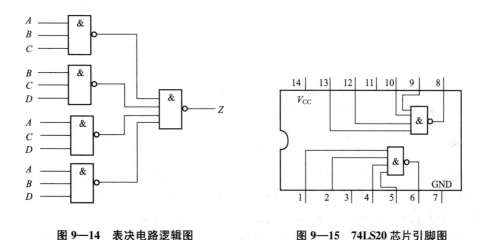

图 9—14　表决电路逻辑图　　　　　图 9—15　74LS20 芯片引脚图

（5）在实验装置适当位置选定三个 14P 插座，按照集成块定位标记插好集成块 74LS20。

（6）检测选用的芯片功能。

（7）按图 9—14 接线，输入端 A、B、C、D 接至逻辑开关输出插口，输出端 Z 接逻辑电平显示输入插口，按表 9—7 真值表要求，逐次改变输入变量，测量相应的输出值，验证逻辑功能，与表 9—7 输出值进行比较，验证所设计的逻辑电路是否符合要求。

4．实验内容和操作步骤

要求按逻辑电路的设计步骤进行，直到测试电路逻辑功能符合设计要求为止。

（1）设计一个四人无弃权表决电路，多数赞成则通过。要求采用四二输入与非门实现。

（2）设计一个产品质量检测仪。一个产品分别由 4 个质检员检测，4 个质检员都认为产品合格，产品质量为优；3 个质检员都认为产品合格，产品质量为合格；只有 1 个或者 2 个质检员认为产品合格，产品质量则为不合格。

5．实验报告要求

（1）列写实验任务的设计过程，列出功能设计真值表，画出设计的电路图。

（2）查询芯片资料，选择合适的芯片。

（3）对所设计的电路进行实验测试，记录测试结果。

（4）分析设计过程中的问题和解决方法，给出设计结论。

6．问题探究

（1）如何用最简单的方法验证"与或非"门的逻辑功能是否完好？

（2）"与或非"门中，当某一组与端不用时，应如何处理？

实验 4　译码器及其应用

1. 实验目的
(1) 掌握中规模集成译码器的逻辑功能和使用方法。
(2) 熟悉数码管的使用。

2. 实验设备与器件
数字电路实验台一台。
74LS138 两片、CC4511 一片。

3. 实验原理
译码器是一个多输入、多输出的组合逻辑电路。其作用是把给定的代码进行"翻译"，变成相应的状态，使输出通道中相应的一路有信号输出。译码器在数字系统中有广泛的用途，不仅用于代码的转换、终端的数字显示，还用于数据分配，存储器寻址和组合控制信号等。不同的功能可选用不同种类的译码器。

译码器可分为通用译码器和显示译码器两大类。前者又分为变量译码器和代码变换译码器。

(1) 变量译码器（又称二进制译码器）。变量译码器用以表示输入变量的状态，如 2 线-4 线、3 线-8 线和 4 线-16 线译码器。若有 n 个输入变量，有 2^n 个不同的组合状态，则有 2^n 个输出端供其使用。而每一个输出所代表的函数对应于 n 个输入变量的最小项。

以 3 线-8 线译码器 74LS138 为例进行分析，图 9—16(a)、(b) 分别为逻辑图及引脚排列。其中 A_2、A_1、A_0 为地址输入端，$\overline{Y}_0 \sim \overline{Y}_7$ 为译码输出端，S_1、$\overline{S}_2$、$\overline{S}_3$ 为使能端。表 9—9 为 74LS138 功能表。

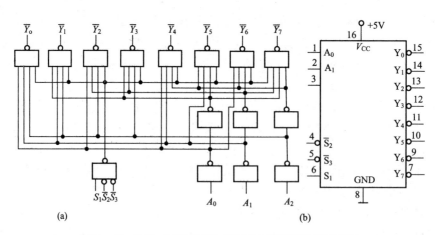

图 9—16　3 线-8 线译码器 74LS138 逻辑图及引脚排列

表 9—9　　　　　　　　　　　　　　　　　　74LS138 功能表

输入					输出							
S_1	$\overline{S}_2 + \overline{S}_3$	A_2	A_1	A_0	$\overline{Y}_0$	$\overline{Y}_1$	$\overline{Y}_2$	$\overline{Y}_3$	$\overline{Y}_4$	$\overline{Y}_5$	$\overline{Y}_6$	$\overline{Y}_7$
1	0	0	0	0	0	1	1	1	1	1	1	1
1	0	0	0	1	1	0	1	1	1	1	1	1
1	0	0	1	0	1	1	0	1	1	1	1	1

（续前表）

输入					输出							
S_1	$\overline{S}_2+\overline{S}_3$	A_2	A_1	A_0	$\overline{Y}_0$	$\overline{Y}_1$	$\overline{Y}_2$	$\overline{Y}_3$	$\overline{Y}_4$	$\overline{Y}_5$	$\overline{Y}_6$	$\overline{Y}_7$
1	0	0	1	1	1	1	1	0	1	1	1	1
1	0	1	0	0	1	1	1	1	0	1	1	1
1	0	1	0	1	1	1	1	1	1	0	1	1
1	0	1	1	0	1	1	1	1	1	1	0	1
1	0	1	1	1	1	1	1	1	1	1	1	0
0	×	×	×	×	1	1	1	1	1	1	1	1
×	1	×	×	×	1	1	1	1	1	1	1	1

当 $S_1=1$，$\overline{S}_2+\overline{S}_3=0$ 时，器件使能，地址码所指定的输出端有信号（为 0）输出，其他所有输出端均无信号（全为 1）输出。当 $S_1=0$，$\overline{S}_2+\overline{S}_3=\times$ 时，或 $S_1=\times$，$\overline{S}_2+\overline{S}_3=1$ 时，译码器被禁止，所有输出同时为 1。

二进制译码器实际上也是负脉冲输出的脉冲分配器。若利用使能端中的一个输入端输入数据信息，器件就成为一个数据分配器（又称多路分配器），如图 9—17 所示。若在 S_1 输入端输入数据信息，$\overline{S}_2=\overline{S}_3=0$，地址码所对应的输出是 S_1 数据信息的反码；若从 $\overline{S}_2$ 端输入数据信息，令 $S_1=1$、$\overline{S}_3=0$，地址码所对应的输出就是 $\overline{S}_2$ 端数据信息的原码。若数据信息是时钟脉冲，则数据分配器便成为时钟脉冲分配器。

根据输入地址的不同组合译出唯一地址，故可用做地址译码器。接成多路分配器，可将一个信号源的数据信息传输到不同的地点。

二进制译码器还能方便地实现逻辑函数，如图 9—18 所示，实现的逻辑函数如下：

$$Z=\overline{A}\,\overline{B}\,\overline{C}+\overline{A}B\,\overline{C}+A\,\overline{B}C+ABC$$

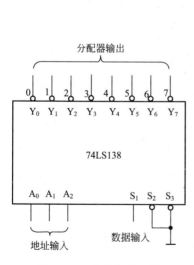

图 9—17 作数据分配器

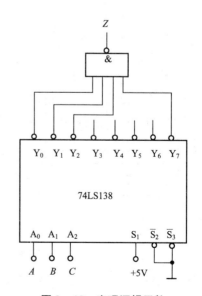

图 9—18 实现逻辑函数

利用使能端能方便地将两个 3 线-8 线译码器组合成一个 4 线-16 线译码器，如图 9—19 所示。

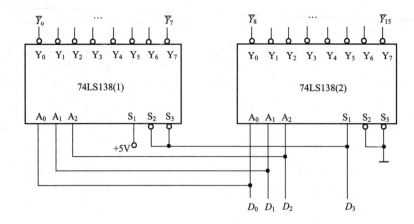

图 9—19　用两片 74LS138 组合成 4 线-16 线译码器

（2）数码显示译码器。

① 七段发光二极管（LED）数码管。LED 数码管是目前最常用的数字显示器，图 9—20(a)、(b) 为共阴管和共阳管的电路，图 9—20(c) 为两种不同出线形式的引脚功能图。一个 LED 数码管可用来显示一位 0~9 十进制数和一个小数点。小型数码管（0.5 寸和 0.36 寸）每段发光二极管的正向压降，随显示光（通常为红、绿、黄、橙色）的颜色不同略有差别，通常为 2~2.5V，每个发光二极管的点亮电流为 5~10mA。LED 数码管要显示 BCD 码所表示的十进制数字就需要有一个专门的译码器，该译码器不但要完成译码功能，还要有相当的驱动能力。

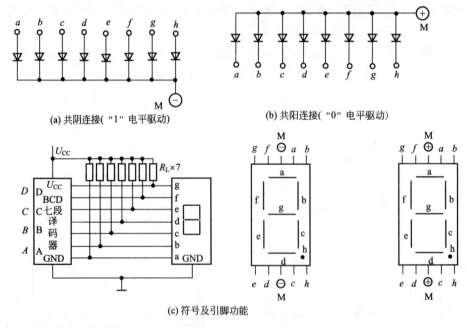

(a) 共阴连接（"1" 电平驱动）　　　　(b) 共阳连接（"0" 电平驱动）

(c) 符号及引脚功能

图 9—20　LED 数码管

② BCD 码七段译码驱动器。此类译码器型号有 74LS47（共阳）、74LS48（共阴）、CC4511（共阴）等，本实验系采用 CC4511BCD 码锁存/七段译码/驱动器。驱动共阴极 LED 数码管。

图 9—21 所示为 CC4511 引脚排列，其中：

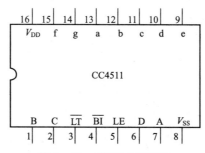

图 9—21　CC4511 引脚图

A、B、C、D 为 BCD 码输入端；

a、b、c、d、e、f、g 为译码输出端，输出"1"有效，用来驱动共阴极 LED 数码管；

$\overline{LT}$ 为测试输入端，$\overline{LT}$="0"时，译码输出全为"1"；

$\overline{BI}$ 为消隐输入端，$\overline{BI}$="0"时，译码输出全为"0"；

LE 为锁定端，LE="1"时译码器处于锁定（保持）状态，译码输出保持在 $LE=0$ 时的数值，$LE=0$ 为正常译码。

表 9—10 为 CC4511 功能表。CC4511 内接有上拉电阻，故只需在输出端与数码管笔段之间串入限流电阻即可工作。译码器还有拒伪码功能，当输入码超过 1001 时，输出全为"0"，数码管熄灭。

表 9—10　　　　　　　　　　　　　CC4511 功能表

输　入							输　出							显示字形
LE	$\overline{BI}$	$\overline{LT}$	D	C	B	A	a	b	c	d	e	f	g	
×	×	0	×	×	×	×	1	1	1	1	1	1	1	8
×	0	1	×	×	×	×	0	0	0	0	0	0	0	消隐
0	1	1	0	0	0	0	1	1	1	1	1	1	0	0
0	1	1	0	0	0	1	0	1	1	0	0	0	0	1
0	1	1	0	0	1	0	1	1	0	1	1	0	1	2
0	1	1	0	0	1	1	1	1	1	1	0	0	1	3
0	1	1	0	1	0	0	0	1	1	0	0	1	1	4
0	1	1	0	1	0	1	1	0	1	1	0	1	1	5
0	1	1	0	1	1	0	0	0	1	1	1	1	1	6
0	1	1	0	1	1	1	1	1	1	0	0	0	0	7
0	1	1	1	0	0	0	1	1	1	1	1	1	1	8
0	1	1	1	0	0	1	1	1	1	0	0	1	1	9
0	1	1	1	0	1	0	0	0	0	0	0	0	0	消隐
0	1	1	1	0	1	1	0	0	0	0	0	0	0	消隐
0	1	1	1	1	0	0	0	0	0	0	0	0	0	消隐
0	1	1	1	1	0	1	0	0	0	0	0	0	0	消隐
0	1	1	1	1	1	0	0	0	0	0	0	0	0	消隐
0	1	1	1	1	1	1	0	0	0	0	0	0	0	消隐
1	1	1	×	×	×	×	锁存							锁存

在数字电路实验装置上已完成了译码器 CC4511 和数码管之间的连接。实验时，只要接通+5V 电源，并将十进制数的 BCD 码接至译码器的相应输入端 A、B、C、D 即可显示 0～9 的数字。四位数码管可接受四组 BCD 码输入。CC4511 与 LED 数码管的连接如图 9—22 所示。

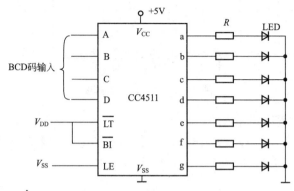

图 9—22 CC4511 驱动一位 LED 数码管

4．实验内容和操作步骤

（1）数据拨码开关的使用。将实验装置上的四组拨码开关的输出 A_i、B_i、C_i、D_i 分别接至四组显示译码/驱动器 CC4511 的对应输入口，LE、$\overline{BI}$、$\overline{LT}$接至三个逻辑开关的输出插口，接上+5V 显示器的电源，然后按功能表 9—10 输入的要求揿动四个数码的增减键（"+"与"-"键）并操作与 LE、$\overline{BI}$、$\overline{LT}$对应的三个逻辑开关，观测拨码盘上的四位数与 LED 数码管显示的对应数字是否一致，以及译码显示是否正常。

（2）74LS138 译码器逻辑功能测试。将译码器使能端 S_1、$\overline{S_2}$、$\overline{S_3}$ 及地址端 A_2、A_1、A_0 分别接至逻辑电平开关输出口，8 个输出端 $\overline{Y_7}\cdots\overline{Y_0}$ 依次连接在逻辑电平显示器的 8 个输入口上，拨动逻辑电平开关，按表 9—9 逐项测试 74LS138 的逻辑功能。

（3）用 74LS138 构成时序脉冲分配器。参照图 9—17 和实验原理说明，CP 频率约为 10kHz，要求分配器输出端$\overline{Y_0}\cdots\overline{Y_7}$ 的信号与 CP 输入信号同相。

画出分配器的实验电路，用示波器观察和记录在地址端 A_2、A_1、A_0 分别取 000～111 共 8 种不同状态时$\overline{Y_0}\cdots\overline{Y_7}$端的输出波形，注意输出波形与 CP 输入波形之间的相位关系。

（4）用两片 74LS138 组合成一个 4 线-16 线译码器，并进行实验。

5．实验报告要求

（1）画出实验线路，把观察到的波形画在坐标纸上，并标上对应的地址码。

（2）对实验结果进行分析、讨论。

6．问题探究

（1）集成电路的各控制端能否悬空？为什么？

（2）用于驱动共阳极数码管的译码驱动器，它的输出是高电平有效，还是低电平有效？驱动共阴极的呢？

（3）试选取二-十进制译码器 CC4028，按照实验原理的说明，自拟实验线路，进行实验和记录。

实验 5 数据选择器及其应用

1．实验目的

（1）掌握中规模集成数据选择器的逻辑功能检测及使用方法。

（2）学习用数据选择器构成组合逻辑电路的方法。

2. 实验设备与器件

数字电路实验台一台。

74LS151（或 CC4512）两片、CC4511 一片、74LS153（或 CC4539）一片。

3. 实验原理

数据选择器在地址码（或叫选择控制）电位的控制下，从几个数据输入中选择一个并将其送到一个公共的输出端。数据选择器的功能类似一个多掷开关，如图 9—23 所示，图中有四路数据 $D_0 \sim D_3$，通过选择控制信号 A_1、A_0（地址码）从四路数据中选中某一路数据送至输出端 Q。数据选择器的电路结构一般由与或门阵列组成，也有用传输门开关和门电路混合而成的。

（1）8 选 1 数据选择器 74LS151。74LS151 为互补输出的 8 选 1 数据选择器，引脚排列如图 9—24 所示，功能如表 9—11 所示。

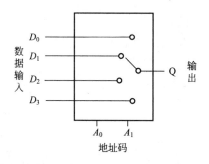

图 9—23 4 选 1 数据选择器示意图　　　图 9—24 74LS151 引脚图

表 9—11　　　　　　　　　　　　　数据选择器 74LS151 功能表

输入				输出	
$\overline{S}$	A_2	A_1	A_0	Q	$\overline{Q}$
1	×	×	×	0	1
0	0	0	0	D_0	$\overline{D_0}$
0	0	0	1	D_1	$\overline{D_1}$
0	0	1	0	D_2	$\overline{D_2}$
0	0	1	1	D_3	$\overline{D_3}$
0	1	0	0	D_4	$\overline{D_4}$
0	1	0	1	D_5	$\overline{D_5}$
0	1	1	0	D_6	$\overline{D_6}$
0	1	1	1	D_7	$\overline{D_7}$

选择控制端（地址端）为 $A_2 \sim A_0$，按二进制译码，从 8 个输入数据 $D_0 \sim D_7$ 中，选择一个需要的数据送到输出端 Q，$\overline{S}$ 为使能端，低电平有效。

① 使能端 $\overline{S}=1$ 时，不论 $A_2 \sim A_0$ 状态如何，均无输出（$Q=0$，$\overline{Q}=1$），多路开关被禁止。

② 使能端 $\overline{S}=0$ 时，多路开关正常工作，根据地址码 A_2、A_1、A_0 的状态选择 $D_0 \sim D_7$ 中某一个通道的数据输送到输出端 Q。

如：$A_2A_1A_0=000$，则选择 D_0 数据到输出端，即 $Q=D_0$。

如：$A_2A_1A_0=001$，则选择 D_1 数据到输出端，即 $Q=D_1$，其余类推。

（2）双 4 选 1 数据选择器 74LS153。双 4 选 1 数据选择器就是在一块集成芯片上有两个 4 选 1 数据选择器。其引脚排列如图 9—25 所示，功能如表 9—12 所示。

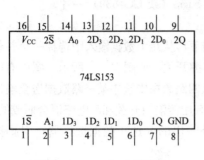

图 9—25　74LS153 引脚图

表 9—12　　4 选 1 数据选择器功能表

输入			输出
$\overline{S}$	A_1	A_0	Q
1	×	×	0
0	0	0	D_0
0	0	1	D_1
0	1	0	D_2
0	1	1	D_3

$1\overline{S}$、$2\overline{S}$ 为两个独立的使能端；A_1、A_0 为公用的地址输入端；$1D_0 \sim 1D_3$ 和 $2D_0 \sim 2D_3$ 分别为两个 4 选 1 数据选择器的数据输入端；$1Q$、$2Q$ 为两个输出端。

① 当使能端 $1\overline{S}$（$2\overline{S}$）$=1$ 时，多路开关被禁止，无输出，$Q=0$。

② 当使能端 $1\overline{S}$（$2\overline{S}$）$=0$ 时，多路开关正常工作，根据地址码 A_1、A_0 的状态，将相应的数据 $D_0 \sim D_3$ 送到输出端 Q。

如：$A_1A_0=00$，则选择 D_0 数据到输出端，即 $Q=D_0$。

如：$A_1A_0=01$，则选择 D_1 数据到输出端，即 $Q=D_1$，其余类推。

数据选择器的用途很多，如多通道传输、数码比较、并行码变串行码，以及实现逻辑函数等。

（3）数据选择器的应用——实现逻辑函数。

【例2】　用 8 选 1 数据选择器 74LS151 实现函数 $F=A\overline{B}+\overline{A}B$。

解：列出函数 F 的功能表如表 9—13 所示。

将 B、A 加到地址端 A_1、A_0，而地址端 A_2 不需要接地，由表 9—14 可知，将 D_1、D_2 接"1"，D_0、D_3 接地，其余数据输入端 $D_4 \sim D_7$ 都接地，则 8 选 1 数据选择器的输出 Q，便实现了函数 $F=A\overline{B}+\overline{A}B$。

接线图如图 9—26 所示。

表 9—13　　函数 $F=A\overline{B}+\overline{A}B$ 的功能表

B	A	F
0	0	0
0	1	1
1	0	1
1	1	0

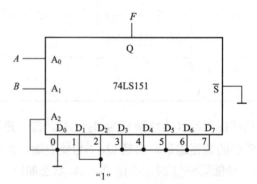

图 9—26　8 选 1 数据选择器实现 $F=A\overline{B}+\overline{A}B$ 的接线图

显然，当函数输入变量数小于数据选择器的地址端（A）时，应将不用的地址端及不用的数据输入端（D）都接地。

【例3】 用8选1数据选择器74LS151实现函数 $F=A\overline{B}+\overline{A}C+B\overline{C}$。

解： 采用8选1数据选择器74LS151可实现任意三输入变量的组合逻辑函数。

作出函数 F 的功能表，如表9—14所示，将函数 F 的功能表与8选1数据选择器的功能表相比较，可知：

(1) 将输入变量 C、B、A 作为8选1数据选择器的地址码 A_2、A_1、A_0。

(2) 使8选1数据选择器的各数据输入 $D_0 \sim D_7$ 分别与函数 F 的输出值一一相对应。

即：$A_2A_1A_0=CBA$

$D_0=D_7=0$

$D_1=D_2=D_3=D_4=D_5=D_6=1$

由此可见，8选1数据选择器的输出 Q 实现了函数 $F=A\overline{B}+\overline{A}C+B\overline{C}$。

接线图如图9—27所示。显然，采用具有 n 个地址端的数据选择实现 n 变量的逻辑函数时，应将函数的输入变量加到数据选择器的地址端（A），选择器的数据输入端（D）按次序以函数 F 输出值来赋值。

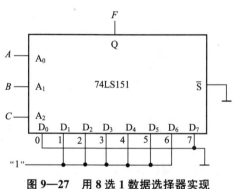

图9—27 用8选1数据选择器实现
$F=A\overline{B}+\overline{A}C+B\overline{C}$ 的接线图

表9—14 函数 $F=A\overline{B}+\overline{A}C+B\overline{C}$ 的功能表

输入			输出
C	B	A	F
0	0	0	0
0	0	1	1
0	1	0	1
0	1	1	1
1	0	0	1
1	0	1	1
1	1	0	1
1	1	1	0

【例4】 用4选1数据选择器74LS153实现函数 $F=\overline{A}BC+A\overline{B}C+AB\overline{C}+ABC$。

解： 函数 F 的功能如表9—15所示。

表9—15 例4函数 F 的功能

输	入		输 出	中选数据端
A	B	C	F	
0	0	0	0	$D_0=0$
		1	0	
0	1	0	0	$D_1=C$
		1	1	
1	0	0	0	$D_2=C$
		1	1	
1	1	0	1	$D_3=1$
		1	1	

4. 实验内容和操作步骤

(1) 测试数据选择器 74LS151 的逻辑功能。按图 9—28 接线，地址端 A_2、A_1、A_0，数据端 $D_0 \sim D_7$，使能端 $\overline{S}$ 接逻辑开关，输出端 Q 接逻辑电平显示器，按 74LS151 功能表（见表 9—11）逐项进行测试，记录测试结果。

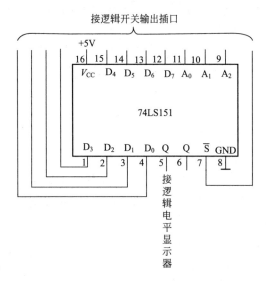

图 9—28　74LS151 逻辑功能测试接线图

(2) 测试 74LS153 的逻辑功能。按图 9—25 所示的 74LS153 引脚图接线，按 74LS153 功能表（见表 9—12）逐项进行测试，记录测试结果。

(3) 用 8 选 1 数据选择器实现逻辑函数 $F(AB)=A\overline{B}+\overline{A}B+AB$，需要写出设计过程，画出接线图并验证逻辑功能。

(4) 用双 4 选 1 数据选择器 74LS153 实现全加器，需要写出设计过程，画出接线图并验证逻辑功能。

5. 实验报告要求

(1) 根据要求用数据选择器对实验内容进行设计、写出设计全过程、画出接线图、进行逻辑功能测试。

(2) 总结实验中出现的问题及解决方法。

6. 问题探究

(1) 如何用 8 选 1 数据选择器实现四变量函数？

(2) 用 8 选 1 数据选择器 74LS151 设计裁判判定电路。例如，举重比赛有 A、B、C 三个裁判，其中 A 为主裁判。当主裁判和至少一名副裁判判定合格，运动员的试举方为成功。

实验 6　触发器逻辑功能的测试

1. 实验目的

(1) 掌握基本 RS、JK、D 和 T 触发器的使用方法和逻辑功能测试。

(2) 熟悉触发器之间相互转换的方法。

2. 实验设备与器件

数字电路实验台一台。

154

74LS112 一片、74LS00 一片、74LS74 一片。

3. 实验原理

触发器具有两个稳定状态，用以表示逻辑状态"1"和"0"，在一定的外界信号作用下，可以从一个稳定状态翻转到另一个稳定状态，它是一个具有记忆功能的二进制信息存储器件，是构成各种时序电路的最基本逻辑单元。

（1）基本 RS 触发器。图 9—29（a）为由两个"与非门"构成的基本 RS 触发器，它具有置"0"、置"1"和"保持"三种功能。如图 9—29（b）所示，基本 RS 触发器也可以用两个"或非门"组成，此时为高电平触发有效。

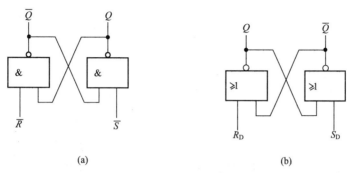

(a)　　　　　　　　　　　　　　　(b)

图 9—29　基本 RS 触发器

（2）JK 触发器。本实验采用 74LS112 双 JK 触发器，是下降边沿触发的边沿触发器。其引脚功能如图 9—30 所示。

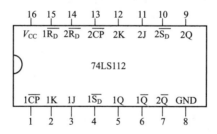

图 9—30　74LS112 双 JK 触发器引脚图

（3）D 触发器。在输入信号为单端的情况下，D 触发器的状态方程为 $Q^{n+1}=D$。它是上升沿触发的边沿触发器。图 9—31 为双 D 触发器 74LS74 的引脚排列。

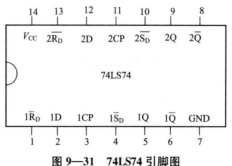

图 9—31　74LS74 引脚图

（4）触发器之间的相互转换。在集成触发器的产品中，每一种触发器都有自己固定的逻辑功能。可以利用转换的方法获得具有其他功能的触发器。例如，将 JK 触发器的 J、K 两

端连在一起，并认它为 T 端，就得到所需的 T 触发器。如图 9—32(a) 所示，其状态方程为
$Q^{n+1}=T\overline{Q^n}+\overline{T}Q^n$。

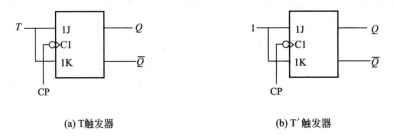

(a) T 触发器   (b) T' 触发器

图 9—32　JK 触发器转换为 T、T' 触发器

　　若将 T 触发器的 T 端置1，如图 9—32(b) 所示，即得 T' 触发器。在 T' 触发的 CP 端每来一个 CP 信号，触发器的状态就翻转一次，故称之为翻转触发器，广泛用于计数电路中。

　　4. 实验内容和操作步骤

　　(1) 测试基本 RS 触发器的逻辑功能。

　　① 按图 9—29(a)，用两个与非门组成基本 RS 触发器，输入端 $\overline{R}$、$\overline{S}$ 接逻辑开关的输出插口，输出端 Q、$\overline{Q}$ 接逻辑电平显示输入插口，按表 9—16 的要求测试，记录之。

　　② 按图 9—29(b)，用两个或非门组成基本 RS 触发器，输入端 R_D、S_D 接逻辑开关的输出插口，输出端 Q、$\overline{Q}$ 接逻辑电平显示输入插口，按表 9—17 的要求测试，记录之。

表 9—16　　与非门组成的基本 RS 触发器功能表

$\overline{R}$	$\overline{S}$	Q	$\overline{Q}$
1	1→0		
	0→1		
1→0	1		
0→1			
0	0		

表 9—17　　由或非门组成的基本 RS 触发器功能表

R_D	S_D	Q	$\overline{Q}$
0	0→1		
	1→0		
0→1	0		
1→0			
1	1		

　　(2) JK 触发器 74LS112 逻辑功能。

　　① 测试 $\overline{R_D}$、$\overline{S_D}$ 的复位、置位功能。将 JK 触发器 74LS112 的 $\overline{R_D}$、$\overline{S_D}$、J、K 端接逻辑开关输出插口，$\overline{CP}$ 端接单次脉冲源，Q、$\overline{Q}$ 端接至逻辑电平显示输入插口。按表 9—18 的要求测试，记录之。"↓"表示 $\overline{CP}$ 脉冲的下降沿（即 $\overline{CP}$ 由 1→0）。

表 9—18　　　　　　　　　　　JK 触发器的复位、置位功能表

$\overline{R_D}$	$\overline{S_D}$	$\overline{CP}$	J	K	Q	$\overline{Q}$
0	1	×	×	×		
1	0	×	×	×		
0	0	×	×	×		
1	1	×	×	×		
0	1	↓	0	1		

$\overline{R_D}$	$\overline{S_D}$	$\overline{CP}$	J	K	Q	$\overline{Q}$
0	1	↓	1	1		
1	0	↓	0	0		
1	0	↓	1	0		

② 测试 JK 触发器的逻辑功能。按表 9—19 的要求改变 J、K、$\overline{CP}$ 端状态，观察触发器现态分别为 $Q^n=0$、$Q^n=1$ 时，Q^{n+1} 状态变化及其状态更新是否发生在 $\overline{CP}$ 的下降沿（即 $\overline{CP}$ 由 $1\rightarrow0$），记录之。

表 9—19   JK 触发器的逻辑功能表

J	K	$\overline{CP}$	Q^{n+1}	
			$Q^n=0$	$Q^n=1$
0	0	0→1		
0	0	1→0		
0	1	0→1		
0	1	1→0		
1	0	0→1		
1	0	1→0		
1	1	0→1		
1	1	1→0		

（3）测试双 D 触发器 74LS74 的逻辑功能。

① 测试 $\overline{R_D}$、$\overline{S_D}$ 的复位、置位功能。测试方法同（2），按表 9—20 的要求测试，记录之。

表 9—20   D 触发器的复位、置位功能表

$\overline{R_D}$	$\overline{S_D}$	CP	D	Q	$\overline{Q}$
0	1	×	×		
1	0	×	×		
0	0	×	×		
1	1	×	×		
0	1	↑	1		
0	1	↑	0		
1	0	↑	0		
1	0	↑	1		

② 测试 D 触发器的逻辑功能。按表 9—21 的要求测试触发器的现态分别为 $Q^n=0$、$Q^n=1$ 时 Q^{n+1} 的状态变化，并观察触发器状态更新是否发生在 CP 的上升沿（即由 $0\rightarrow1$），记录之。

（4）根据给定的 JK 触发器，将它转换成 D 触发器，画出电路图，并进行验证。

5. 实验报告要求

表 9—21   D 触发器的逻辑功能表

D	CP	Q^{n+1}	
		$Q^n=0$	$Q^n=1$
0	$0 \to 1$		
	$1 \to 0$		
1	$0 \to 1$		
	$1 \to 0$		

（1）根据要求选用芯片进行逻辑功能测试，写出测试结果，给出测试结论。

（2）总结实验中出现的问题及解决方法。

6. 问题探究

（1）如何将 D 触发器转换成 RS 触发器、T 触发器和 T′触发器？

（2）不同功能的触发器之间是否可以任意转换？

实验 7   移位寄存器的功能测试及其应用

1. 实验目的

（1）掌握中规模四位双向移位寄存器逻辑功能和使用方法。

（2）掌握移位寄存器的应用——实现数据的串行、并行转换和构成环形计数器。

2. 实验设备与器件

数字电路实验台一台。

CC40194（74LS194）一片、CC4011（74LS00）一片、CC4068（74LS30）一片。

3. 实验原理

（1）移位寄存器是一个具有移位功能的寄存器，是指寄存器中所存的代码能够在移位脉冲的作用下依次左移或右移。既能左移又能右移的称为双向移位寄存器，只需要改变左、右移的控制信号便可实现双向移位要求。根据移位寄存器存取信息的方式不同分为串入串出、串入并出、并入串出、并入并出四种形式。

本实验选用的四位双向通用移位寄存器，型号为 CC40194 或 74LS194，两者功能相同，可互换使用，其逻辑符号及引脚排列如图 9—33 所示。

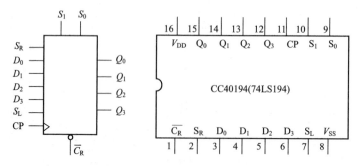

图 9—33 CC40194 的逻辑符号及引脚功能

其中 D_0、D_1、D_2、D_3 为并行输入端；Q_0、Q_1、Q_2、Q_3 为并行输出端；S_R 为右移串行

输入端，S_L 为左移串行输入端；S_1、S_0 为操作模式控制端；$\overline{C_R}$ 为直接无条件清零端；CP 为时钟脉冲输入端。四位双向通用移位寄存器的功能表如表 9—22 所示。

表 9—22　　　　　　　　　　　　　四位双向通用移位寄存器的功能表

功能	输入										输出			
	CP	$\overline{C_R}$	S_1	S_0	S_R	S_L	D_0	D_1	D_2	D_3	Q_0	Q_1	Q_2	Q_3
清除	$\times$	0	$\times$	$\times$	$\times$	$\times$	$\times$	$\times$	$\times$	$\times$	0	0	0	0
送数	$\uparrow$	1	1	1	$\times$	$\times$	a	b	c	d	a	b	c	d
右移	$\uparrow$	1	0	1	D_{SR}	$\times$	$\times$	$\times$	$\times$	$\times$	D_{SR}	Q_0	Q_1	Q_2
左移	$\uparrow$	1	1	0	$\times$	D_{SL}	$\times$	$\times$	$\times$	$\times$	Q_1	Q_2	Q_3	D_{SL}
保持	$\uparrow$	1	0	0	$\times$	$\times$	$\times$	$\times$	$\times$	$\times$	Q_0^n	Q_1^n	Q_2^n	Q_3^n
保持	$\downarrow$	1	$\times$	$\times$	$\times$	$\times$	$\times$	$\times$	$\times$	$\times$	Q_0^n	Q_1^n	Q_2^n	Q_3^n

CC40194 有 5 种不同操作模式：并行送数寄存、右移（方向由 $Q_0 \rightarrow Q_3$）、左移（方向由 $Q_3 \rightarrow Q_0$）、保持及清零。

（2）移位寄存器应用很广，可构成移位寄存器型计数器、顺序脉冲发生器、串行累加器，可用做数据转换，即把串行数据转换为并行数据，或把并行数据转换为串行数据等。本实验研究移位寄存器用做环形计数器和数据的串、并行转换。

① 环形计数器。把移位寄存器的输出反馈到它的串行输入端，就可以进行循环移位，如图 9—34 所示，把输出端 Q_3 和右移串行输入端 S_R 相连，设初始状态 $Q_0Q_1Q_2Q_3 = 1000$，则在时钟脉冲的作用下 $Q_0Q_1Q_2Q_3$ 将依次变为 $0100 \rightarrow 0010 \rightarrow 0001 \rightarrow 1000 \rightarrow \cdots$，如表 9—23 所示，可见它是一个具有四个有效状态的计数器，这种类型的计数器通常称为环形计数器。图 9—34 所示的电路可以由各个输出端输出在时间上有先后顺序的脉冲，因此也可作为顺序脉冲发生器。

表 9—23　　　　　　状态变化表

CP	Q_0	Q_1	Q_2	Q_3
0	1	0	0	0
1	0	1	0	0
2	0	0	1	0
3	0	0	0	1

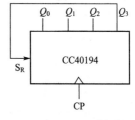

图 9—34　环形计数器

如果将输出 Q_0 与左移串行输入端 S_L 相连接，即可达左移循环移位。

② 串行-并行转换器。串行-并行转换是指串行输入的数码，经转换电路之后变换成并行输出。图 9—35 是用两片 CC40194（74LS194）四位双向移位寄存器组成的七位串-并行数据转换电路。电路中 S_0 端接高电平 1，S_1 受 Q_7 控制，两片寄存器连接成串行输入右移工作模式。Q_7 是转换结束标志。当 $Q_7 = 1$ 时，S_1 为 0，使之成为 $S_1S_0 = 01$ 的串入右移工作方式，当 $Q_7 = 0$ 时，$S_1 = 1$，有 $S_1S_0 = 11$，则串行送数结束，标志着串行输入的数据已转换成并行输出了。串行-并行转换的具体过程如下：

转换前，$\overline{C_R}$ 端加低电平，使 1、2 两片寄存器的内容清 0，此时 $S_1S_0 = 11$，寄存器执行并行输入工作方式。当第一个 CP 到来后，寄存器的输出状态 $Q_0 \sim Q_7$ 为 01111111，与此同时 S_1S_0 变为 01，转换电路变为执行串入右移工作方式，串行输入数据由 1 片的 S_R 端加入。随着 CP 的依次加入，输出状态的变化可列成表 9—24。

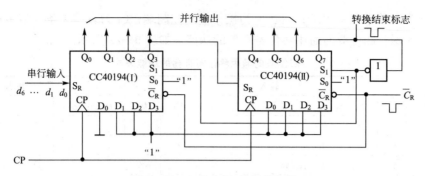

图 9—35　七位串行-并行转换器

表 9—24　　　　　　　　　　　　　寄存器输出状态的变化表

CP	Q_0	Q_1	Q_2	Q_3	Q_4	Q_5	Q_6	Q_7	说明
0	0	0	0	0	0	0	0	0	清零
1	0	1	1	1	1	1	1	1	送数
2	d_0	0	1	1	1	1	1	1	右移操作7次
3	d_1	d_0	0	1	1	1	1	1	
4	d_2	d_1	d_0	0	1	1	1	1	
5	d_3	d_2	d_1	d_0	0	1	1	1	
6	d_4	d_3	d_2	d_1	d_0	0	1	1	
7	d_5	d_4	d_3	d_2	d_1	d_0	0	1	
8	d_6	d_5	d_4	d_3	d_2	d_1	d_0	0	
9	0	1	1	1	1	1	1	1	送数

由表 9—24 可见，右移操作 7 次之后，Q_7 变为 0，$S_1 S_0$ 又变为 11，说明串行输入结束。这时，串行输入的数码已经转换成了并行输出了。

当再来一个 CP 时，电路又重新执行一次并行输入，为第二组串行数码转换做好了准备。

③ 并行-串行转换器。并行-串行转换器是指并行输入的数码经转换电路之后，换成串行输出。图 9—36 是用两片 CC40194（74LS194）组成的 7 位并行-串行转换电路，它比图 9—35 多了两个与非门 G_1 和 G_2，电路工作方式同样为右移。

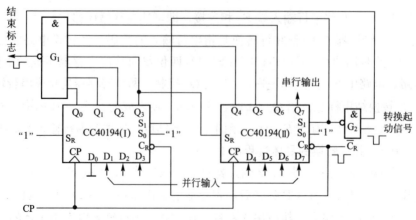

图 9—36　7 位并行-串行转换器

寄存器清"0"后，加一个转换启动信号（负脉冲或低电平）。此时，由于方式控制 S_1S_0 为 11，转换电路执行并行输入操作。当第一个 CP 到来后，$Q_0Q_1Q_2Q_3Q_4Q_5Q_6Q_7$ 的状态为 $D_0D_1D_2D_3D_4D_5D_6D_7$，并行输入数码存入寄存器。从而使得 G_1 输出为 1，G_2 输出为 0，结果，S_1S_2 变为 01，转换电路随着 CP 的加入，开始执行右移串行输出，随着 CP 的依次加入，输出状态依次右移，待右移操作 7 次后，$Q_0 \sim Q_6$ 的状态都为高电平 1，与非门 G_1 输出为低电平，G_2 门输出为高电平，S_1S_2 又变为 11，表示并行-串行转换结束，且为第二次并行输入创造了条件。转换过程如表 9—25 所示。

表 9—25　　　　　　　　　　　　　　　　　并行-串行转换过程表

CP	Q_0	Q_1	Q_2	Q_3	Q_4	Q_5	Q_6	Q_7	串行输出
0	0	0	0	0	0	0	0	0	
1	0	D_1	D_2	D_3	D_4	D_5	D_6	D_7	
2	1	0	D_1	D_2	D_3	D_4	D_5	D_6	D_7
3	1	1	0	D_1	D_2	D_3	D_4	D_5	D_6　D_7
4	1	1	1	0	D_1	D_2	D_3	D_4	D_5　D_6　D_7
5	1	1	1	1	0	D_1	D_2	D_3	D_4　D_5　D_6　D_7
6	1	1	1	1	1	0	D_1	D_2	D_3　D_4　D_5　D_6　D_7
7	1	1	1	1	1	1	0	D_1	D_2　D_3　D_4　D_5　D_6　D_7
8	1	1	1	1	1	1	1	0	D_1　D_2　D_3　D_4　D_5　D_6　D_7
9	0	D_1	D_2	D_3	D_4	D_5	D_6	D_7	

中规模集成移位寄存器，其位数往往以四位居多，当需要的位数多于四位时，可把几片移位寄存器用级联的方法来扩展位数。

4. 实验内容和操作步骤

（1）测试 CC40194（或 74LS194）的逻辑功能按图 9—37 接线，$\overline{C_R}$、S_1、S_0、S_L、S_R、D_0、D_1、D_2、D_3 分别接至逻辑开关的输出插口；Q_0、Q_1、Q_2、Q_3 接至逻辑电平显示输入插口。CP 端接单次脉冲源。按表 9—26 所规定的输入状态，逐项进行测试。

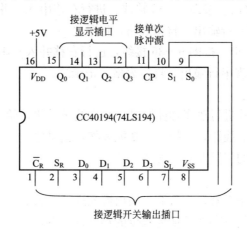

图 9—37　CC40194 逻辑功能测试接线图

表 9—26　　　　　　　　　　CC40194（或 74LS194）的逻辑功能测试表

清除	模式		时钟	串行		输入				输出				功能总结
$\overline{C_R}$	S_1	S_0	CP	S_L	S_R	D_0	D_1	D_2	D_3	Q_0	Q_1	Q_2	Q_3	
0	×	×	×	×	×	×	×	×	×					
1	1	1	↑	×	×	a	b	c	d					
1	0	1	↑	×	0	×	×	×	×					
1	0	1	↑	×	1	×	×	×	×					
1	0	1	↑	×	0	×	×	×	×					
1	0	1	↑	×	0	×	×	×	×					
1	1	0	↑	1	×	×	×	×	×					
1	1	0	↑	1	×	×	×	×	×					
1	1	0	↑	1	×	×	×	×	×					
1	1	0	↑	1	×	×	×	×	×					
1	0	0	↑	×	×	×	×	×	×					

（2）环形计数器。自拟实验线路用并行送数法预制寄存器为某二进制数码 $abcd$（如 0100），然后进行右移循环，观察寄存器输出端状态的变化，记入表 9—27 中。

表 9—27　　　　　　　　　　　　　　　环形计数器的功能表

CP	Q_0	Q_1	Q_2	Q_3
0	0	1	0	0
1				
2				
3				
4				

（3）实现数据的串行-并行转换。

① 串行输入、并行输出。按图 9—35 接线，进行右移串入、并出实验，串入数码自定；改接线路用左移方式实现并行输出。自拟表格，记录之。

② 并行输入、串行输出。按图 9—36 接线，进行右移并入、串出实验，并入数码自定。再改接线路用左移方式实现串行输出。自拟表格，记录之。

5. 实验报告要求

（1）根据要求选用芯片进行逻辑功能测试，写出测试结果，给出测试结论。

（2）根据要求设计实验线路，自拟测试功能表格，记录之。

（3）总结实验中出现的问题及解决方法。

6. 问题探究

（1）根据给定的移位寄存器，将其输入输出模式进行转换。

（2）如何将四位的移位寄存器转换为八位的移位寄存器？

（3）不同输入、输出模式的寄存器可以任意转换吗？

实验 8　计数器功能测试及其应用

1. 实验目的

(1) 学习用集成触发器构成计数器的方法。

(2) 掌握中规模集成计数器的使用及功能测试方法。

(3) 运用集成计数器构成 1/N 分频器。

2. 实验设备与器件

数字电路实验台一台。

芯片：CC4013（74LS74）两片，CC40192（74LS192）两片，CC4011（74LS00）一片，CC4012（74LS20）一片。

3. 实验原理

计数器是一个用以实现计数功能的时序部件，它不仅可用来计脉冲数，还常用做数字系统的定时、分频和执行数字运算以及其他特定的逻辑功能。

计数器种类很多。按构成计数器中的各触发器是否使用一个时钟脉冲源来分，有同步计数器和异步计数器；根据计数制的不同，分为二进制计数器、十进制计数器和任意进制计数器；根据计数的增减趋势，又分为加法、减法和可逆计数器。

(1) 用 D 触发器构成异步二进制加/减计数器。图 9—38 是用四只 D 触发器构成的四位二进制异步加法计数器，它的连接特点是将每只 D 触发器接成 T′ 触发器，再由低位触发器的 $\overline{Q}$ 端和高一位的 CP 端相连接。

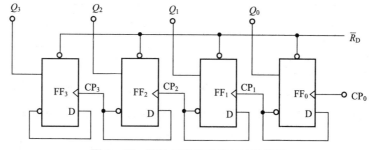

图 9—38　四位二进制异步加法计数器

若将图 9—38 稍加改动，即将低位触发器的 Q 端与高一位的 CP 端相连接，即构成了一个四位二进制减法计数器。

(2) 中规模十进制计数器。CC40192 是同步十进制可逆计数器，具有双时钟输入，并具有清除和置数等功能，其引脚排列及逻辑符号如图 9—39 所示。

其中，

$\overline{\text{LD}}$ 为置数端；

CP_U 为加计数端；

CP_D 为减计数端；

$\overline{\text{CO}}$ 为非同步进位输出端；

$\overline{\text{BO}}$ 为非同步借位输出端；

D_0、D_1、D_2、D_3 为计数器输入端；

Q_0、Q_1、Q_2、Q_3 为数据输出端；

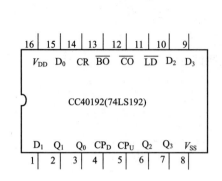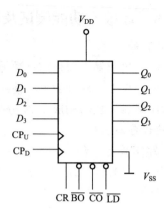

图 9—39　CC40192 引脚排列及逻辑符号

CR 为清除端。

CC40192（同 74LS192，二者可互换使用）的功能如表 9—28 所示。

表 9—28　　　　　　　　　　　　　　　　**CC40192 的功能表**

输入								输出			
CR	$\overline{LD}$	CP_U	CP_D	D_3	D_2	D_1	D_0	Q_3	Q_2	Q_1	Q_0
1	×	×	×	×	×	×	×	0	0	0	0
0	0	×	×	d	c	b	a	d	c	b	a
0	1	↑	1	×	×	×	×	加计数			
0	1	1	↑	×	×	×	×	减计数			

CC40192 的功能说明如下：

① 当清除端 CR 为高电平"1"时，计数器直接清零；CR 置低电平则执行其他功能。

② 当清除端 CR 为低电平，置数端 $\overline{LD}$ 也为低电平时，数据直接从置数端 D_0、D_1、D_2、D_3 置入计数器。

③ 当清除端 CR 为低电平，置数端 $\overline{LD}$ 为高电平时，执行计数功能。执行加计数时，减计数端 CP_D 接高电平，计数脉冲由 CP_U 输入；计数脉冲上升沿进行 8421 码十进制加法计数。执行减计数时，加计数端 CP_U 接高电平，计数脉冲由减计数端 CP_D 输入，表 9—29 为 8421 码十进制加、减计数器的状态转换表。

表 9—29　　　　　　　　　　　　**同步十进制可逆计数器的状态转换表**

加法计数 →

输入脉冲数		0	1	2	3	4	5	6	7	8	9
输出	Q_3	0	0	0	0	0	0	0	0	1	1
	Q_2	0	0	0	0	1	1	1	1	0	0
	Q_1	0	0	1	1	0	0	1	1	0	0
	Q_0	0	1	0	1	0	1	0	1	0	1

← 减计数

（3）计数器的级联使用。一个十进制计数器只能表示 0～9 十个数，为了扩大计数范围，常用多个十进制计数器级联使用。

同步计数器往往设有进位（或借位）输出端，故可选用其进位（或借位）输出信号驱动下一级计数器。

图 9—40 是由 CC40192 利用进位输出 $\overline{CO}$ 控制高一位的 CP_U 端构成的加数级联图。

（4）任意进制计数的实现。其方法如下：

① 用复位法获得任意进制计数器。假定已有 N 进制计数器，而需要得到一个 M 进制计数器时，只要 $M < N$，用复位法使计数器计数到 M 时置"0"，即获得 M 进制计数器。图 9—41 所示为一个由 CC40192 十进制计数器接成的六进制计数器。

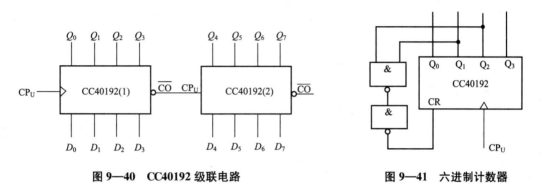

图 9—40　CC40192 级联电路　　　　　图 9—41　六进制计数器

② 利用预置功能获得 M 进制计数器。图 9—42 是一个特殊十二进制的计数器电路方案。在数字钟里，对时位的计数序列是 1，2，…，11，12，1，…是十二进制数，且无 0数。当计数到 13 时，通过与非门产生一个复位信号，使 CC40192（2）〔时十位〕直接置成 0000，而 CC40192（1），即时的个位直接置成 0001，从而实现了 1～12 的计数。

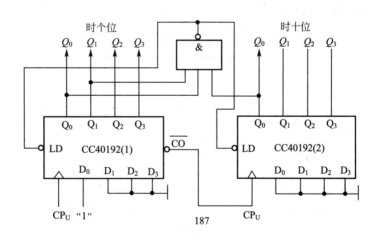

187

图 9—42　特殊十二进制计数器的电路图

4. 实验内容和操作步骤

（1）用 CC4013 或 74LS74 D 触发器构成四位二进制异步加法计数器。

① 按图 9—38 接线，$\overline{R}_D$ 接至逻辑开关输出插口，将低位 CP_0 端接单次脉冲源，输出端 Q_3、Q_2、Q_3、Q_0 接逻辑电平显示输入插口，各 $\overline{S}_D$ 接高电平"1"。

② 清零后，逐个送入单次脉冲，观察并按表 9—30 要求记录 Q_3～Q_0 状态。

表 9—30　　　　　　　　　　　二进制异步加法计数器的功能表

输　　入			输　　　出			
CP_0	$\overline{S_D}$	$\overline{R_D}$	Q_3	Q_2	Q_1	Q_0
×	1	0				
↓	1	1				
↓	1	1				
↓	1	1				
↓	1	1				
↓	1	1				
↓	1	1				
↓	1	1				
↓	1	1				
↓	1	1				
↓	1	1				
↓	1	1				
↓	1	1				
↓	1	1				
↓	1	1				
↓	1	1				

③ 将单次脉冲改为 1Hz 的连续脉冲，观察 $Q_3 \sim Q_0$ 的状态。

④ 将图 9—38 电路中的低位触发器的 Q 端与高一位的 CP 端相连接，构成按实验内容 (2) 进行实验，观察并按表 9—31 记录 $Q_3 \sim Q_0$ 的状态。

表 9—31　　　　　　　　　　　二进制异步减法计数器的功能表

输　　入			输　　　出			
CP_0	$\overline{S_D}$	$\overline{R_D}$	Q_3	Q_2	Q_1	Q_0
×	1	0				
↓	1	1				
↓	1	1				
↓	1	1				
↓	1	1				
↓	1	1				
↓	1	1				
↓	1	1				
↓	1	1				
↓	1	1				
↓	1	1				
↓	1	1				

输 入			输 出			
CP_0	$\overline{S_D}$	$\overline{R_D}$	Q_3	Q_2	Q_1	Q_0
↓	1	1				
↓	1	1				
↓	1	1				
↓	1	1				

（3）测试 CC40192 或 74LS192 同步十进制可逆计数器的逻辑功能。

计数脉冲由单次脉冲源提供，清除端 CR、置数端 $\overline{LD}$、数据输入端 D_3、D_2、D_1、D_0 分别接逻辑开关，输出端 Q_3、Q_2、Q_1、Q_0 接逻辑电平显示输入插口和实验设备的一个译码显示输入相应插口 A、B、C、D；$\overline{CO}$ 和 $\overline{BO}$ 接逻辑电平显示插口。按表 9—28 逐项测试并判断该集成块的功能是否正常。

① 清除。令 CR＝1，其他输入为任意态，这时 $Q_3Q_2Q_1Q_0$＝0000，译码数字显示为 0。清除功能完成后，置 CR＝0。

② 置数。CR＝0，CP_U，CP_D 任意，数据输入端输入任意一组二进制数，令 $\overline{LD}$＝0，观察计数译码显示输出，予置功能是否完成，此后置 $\overline{LD}$＝1。

③ 加计数。CR＝0，$\overline{LD}$＝CP_D＝1，CP_U 接单次脉冲源。清零后送入 10 个单次脉冲，观察输出状态变化是否发生在 CP_U 的上升沿，并按表 9—32 的要求，记录之。

④ 减计数。CR＝0，$\overline{LD}$＝CP_U＝1，CP_D 接单次脉冲源。清零后送入 10 个单次脉冲，观察输出状态变化是否发生在 CP_D 的上升沿，并按表 9—33 的要求，记录之。

表 9—32   加计数功能表

输 入								输 出					
CR	$\overline{LD}$	CP_U	CP_D	D_3	D_2	D_1	D_0	Q_3	Q_2	Q_1	Q_0	$\overline{CO}$	$\overline{BO}$
1	×	×	×	×	×	×	×						
0	0	×	×	0	1	0	1						
0	1	↑	1	×	×	×	×						
0	1	↑	1	×	×	×	×						
0	1	↑	1	×	×	×	×						
0	1	↑	1	×	×	×	×						
0	1	↑	1	×	×	×	×						
0	1	↑	1	×	×	×	×						
0	1	↑	1	×	×	×	×						
0	1	↑	1	×	×	×	×						
0	1	↑	1	×	×	×	×						
0	1	↑	1	×	×	×	×						

表 9—33   减计数功能表

输 入								输 出					
CR	$\overline{\text{LD}}$	CP$_U$	CP$_D$	D_3	D_2	D_1	D_0	Q_3	Q_2	Q_1	Q_0	$\overline{\text{CO}}$	$\overline{\text{BO}}$
1	×	×	×	×	×	×	×						
0	0	×	×	0	1	0	1						
0	1	1	↑	×	×	×	×						
0	1	1	↑	×	×	×	×						
0	1	1	↑	×	×	×	×						
0	1	1	↑	×	×	×	×						
0	1	1	↑	×	×	×	×						
0	1	1	↑	×	×	×	×						
0	1	1	↑	×	×	×	×						
0	1	1	↑	×	×	×	×						
0	1	1	↑	×	×	×	×						
0	1	1	↑	×	×	×	×						

(4) 实验电路如图 9—40 所示，用两片 CC40192 组成两位十进制加法计数器，输入 1Hz 连续计数脉冲，进行由 00～99 累加计数，记录结果。

(5) 将上面两位十进制加法计数器改为两位十进制减法计数器，实现由 99～00 递减计数，记录结果。

(6) 按图 9—41 和图 9—42 进行实验，实现任意进制的计数，记录结果。

5．实验报告要求

(1) 根据要求按步骤选用芯片完成电路的连接，进行功能的测试，写出测试结果，给出测试结论。

(2) 总结实验中出现的问题及解决方法。

6．问题探究

(1) 设计一个数字钟移位六十进制计数器并进行实验。

(2) 用三个 CC40192 组成 421 进制计数器并进行实验。

(3) 用 CC40192 计数器是否可以实现任意进制？

实验 9　D-A 与 A-D 转换器

1．实验目的

(1) 了解 D-A 和 A-D 转换器的基本工作原理和基本结构。

(2) 掌握大规模集成 D-A 和 A-D 转换器的功能及其典型应用。

2．实验设备与器件

数字电路实验台一台、直流数字电压表一个、示波器一台。

DAC0832、ADC0809、μA741、电位器、电阻、电容若干。

3．实验原理

完成 A-D 和 D-A 转换的线路有多种，使用者可借助于手册提供的器件性能指标及典型应用电路，正确使用这些器件。本实验将采用大规模集成电路 DAC0832 实现 D－A 转换，ADC0809 实现 A－D 转换。

（1）D－A 转换器 DAC0832。DAC0832 是采用 CMOS 工艺制成的单片电流输出型 8 位数-模转换器。图 9—43 是 DAC0832 的逻辑框图及引脚排列。

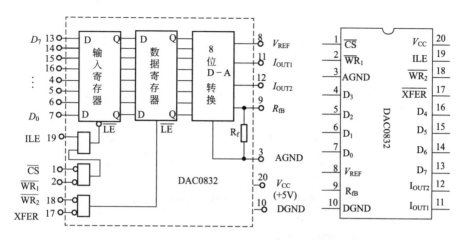

图 9—43　DAC0832 单片 D－A 转换器的逻辑框图和引脚排列

一个 8 位的 D－A 转换器，它有 8 个输入端，每个输入端是 8 位二进制数的一位，有一个模拟输出端，输入可有 $2^8=256$ 个不同的二进制组态，输出为 256 个电压之一，即输出电压不是整个电压范围内的任意值，而只能是 256 个可能值。

DAC0832 的引脚功能说明如下：

$D_0 \sim D_7$ 为数字信号输入端；

ILE 为输入寄存器允许，高电平有效；

$\overline{CS}$ 为片选信号，低电平有效；

$\overline{WR_1}$ 为写信号 1，低电平有效；

$\overline{XFER}$ 为传送控制信号，低电平有效；

$\overline{WR_2}$ 为写信号 2，低电平有效；

I_{OUT1}、I_{OUT2} 为 DAC 电流输出端；

R_{fB} 为反馈电阻，是集成在片内的外接运放反馈电阻；

V_{REF} 为基准电压（$-10 \sim +10V$）；

V_{CC} 为电源电压（$+5 \sim +15V$）；

AGND 为模拟地；

DGND 为数字地。

AGND 和 DGND 可接在一起使用。

DAC0832 输出的是电流，要转换为电压，还必须经过一个外接的运算放大器。其实验线路如图 9—44 所示。

（2）A－D 转换器 ADC0809。ADC0809 是采用 CMOS 工艺制成的单片 8 位 8 通道逐次渐近型 A－D 转换器，其逻辑框图及引脚排列如图 9—45 所示。

器件的核心部分是 8 位 A－D 转换器，它由比较器、逐次渐近寄存器、D－A 转换器及控制和定时 5 部分组成。

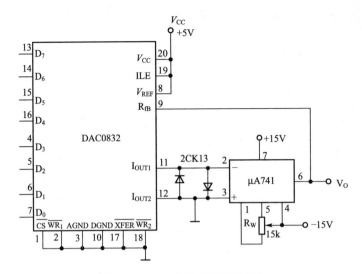

图 9—44   D-A 转换器实验线路

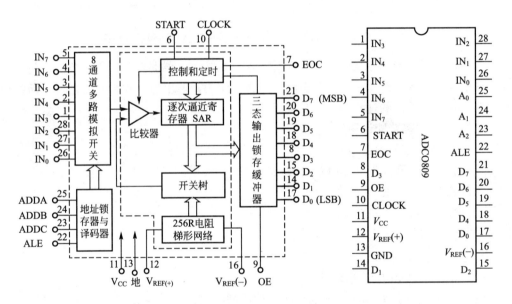

图 9—45   ADC0809 转换器的逻辑框图及引脚排列

ADC0809 的引脚功能说明如下：

$IN_0 \sim IN_7$ 为 8 路模拟信号输入端；

A_2、A_1、A_0 为地址输入端，对应 ADDC、ADDB、ADDA；

ALE 为地址锁存允许输入信号，在此脚施加正脉冲，上升沿有效，此时锁存地址码从而选通相应的模拟信号通道，以便进行 A-D 转换；

START 为启动信号输入端，应在此脚施加正脉冲，当上升沿到达时，内部逐次逼近寄存器复位，在下降沿到达后，开始 A-D 转换过程；

EOC 为转换结束输出信号（转换结束标志），高电平有效；

OE 为输入允许信号，高电平有效；

CLOCK（CP）为时钟信号输入端，外接时钟频率一般为 640kHz。

170

V_{cc} 为＋5V 单电源供电；

$V_{REF}(+)$、$V_{REF}(-)$ 为基准电压的正极、负极，一般 $V_{REF}(+)$ 接＋5V 电源，$V_{REF}(-)$ 接地；

$D_7 \sim D_0$ 为数字信号输出端。

① 模拟量输入通道选择。8 路模拟开关由 A_2、A_1、A_0 三地址输入端选通 8 路模拟信号中的任何一路进行 A－D 转换，地址译码与模拟输入通道的选通关系如表 9—34 所示。

表 9—34　　　　　　　　　A－D 转换器地址译码与模拟输入通道的选通关系表

被选模拟通道		IN_0	IN_1	IN_2	IN_3	IN_4	IN_5	IN_6	IN_7
地址	A_2	0	0	0	0	1	1	1	1
	A_1	0	0	1	1	0	0	1	1
	A_0	0	1	0	1	0	1	0	1

② D－A 转换过程。在启动端（START）加启动脉冲（正脉冲），D－A 转换即开始。如将启动端（START）与转换结束端（EOC）直接相连，转换将是连续的，在用这种转换方式时，开始应在外部加启动脉冲。

4．实验内容和操作步骤

（1）D－A 转换器 DAC0832。

① 按图 9—44 接线，电路接成直通方式，即 $\overline{CS}$、$\overline{WR_1}$、$\overline{WR_2}$、$\overline{XFER}$ 接地；ALE、V_{CC}、V_{REF} 接＋5V 电源；运放电源接±15V；$D_0 \sim D_7$ 接逻辑开关的输出插口，输出端 V_0 接直流数字电压表。

② 调零，令 $D_0 \sim D_7$ 全置零，调节运放的电位器 R_W 使 $\mu A741$ 输出为零。

③ 按表 9—35 所列的输入数字信号，用数字电压表测量运放的输出电压 V_0，将测量结果填入表中，并与理论值进行比较。

表 9—35　　　　　　　　　DAC0832 输出模拟量表

输入数字量								输出模拟量 V_0/V
D_7	D_6	D_5	D_4	D_3	D_2	D_1	D_0	$V_{CC}=+5V$
0	0	0	0	0	0	0	0	
0	0	0	0	0	0	0	1	
0	0	0	0	0	0	1	0	
0	0	0	0	0	1	0	0	
0	0	0	0	1	0	0	0	
0	0	0	1	0	0	0	0	
0	0	1	0	0	0	0	0	
0	1	0	0	0	0	0	0	
1	0	0	0	0	0	0	0	
1	1	1	1	1	1	1	1	

（2）A－D 转换器 ADC0809。按图 9—46 接线。

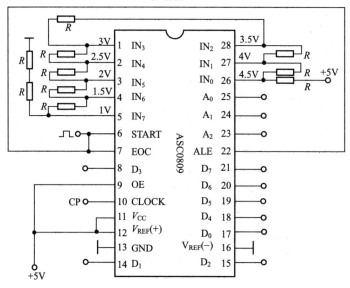

图 9—46　ADC0809 实验线路

① 8 路输入模拟信号 1~4.5V，由 +5V 电源经电阻 R 分压组成；变换结果 $D_0 \sim D_7$ 接逻辑电平显示器输入插口，CP 由计数脉冲源提供，取 $f = 100\text{kHz}$；$A_0 \sim A_2$ 地址端接逻辑电平输出插口。

② 接通电源后，在启动端（START）加一正单次脉冲，下降沿一到即开始 A－D 转换。

③ 按表 9—36 的要求观察，记录 $IN_0 \sim IN_7$ 8 路模拟信号的转换结果，将转换结果换算成十进制数表示的电压值，并与数字电压表实测的各路输入电压值进行比较，分析误差原因。

表 9—36　　　　　　　　　　ADC0809 模拟信号的转换结果表

被选模拟通道	输入模拟量	地址			输出数字量								
IN	V_i/V	A_2	A_1	A_0	D_7	D_6	D_5	D_4	D_3	D_2	D_1	D_0	十进制
IN_0	4.5	0	0	0									
IN_1	4.0	0	0	1									
IN_2	3.5	0	1	0									
IN_3	3.0	0	1	1									
IN_4	2.5	1	0	0									
IN_5	2.0	1	0	1									
IN_6	1.5	1	1	0									
IN_7	1.0	1	1	1									

5．实验报告要求

（1）绘制完整的实验线路和所需的实验记录表格。

（2）拟定各个实验内容的具体实验方案，整理实验数据，分析实验结果。

6．问题探究

（1）分析实验所用转换器的分辨率。

（2）根据实验结果分析数-模转换器的误差。

第 10 章　数字电路实训

课前导读

　　现在的电子技术发展方向是数字化,现实的电子产品中到处都可以看到数字电路,如数字移动通信电话机、数字电视机、电脑交通灯、出租车打表器等,电视、电脑、手机、自动取款机、电子表以及汽车上几乎所有的电子设备等均是数字时代的产物。

　　案例 1:

　　数字钟是一种用数字电路技术实现时、分、秒计时的钟表,在日常生活中很受欢迎。数字钟的设计可用中小规模集成电路组成电子钟的方法,电路包括了组合逻辑电路和时序逻辑电路。图 10—1 所示的是一款 LED 数字钟。

　　案例 2:

　　工业用计数器被广泛应用在机械、工程设备、交通设备、医疗设备、汽车生产流水线等自动化控制领域。电子计数器是利用数字电路技术设计出的给定时间内所通过的脉冲数并显示计数结果的数字化仪器。图 10—2 所示的是一款工业用电子计数器。

图 10—1　LED 数字钟　　　　　图 10—2　工业用电子计数器

　　企业中有很多工程类设计的项目,都是由若干数字部件构成的小型数字电路系统。我们能否自己设计完成一些简单功能的数字系统呢?本章通过几个实训项目的设计任务实施,重点介绍了组合逻辑设计的过程以及设计过程中各个步骤所需的理论、工具和方法,使学生能对逻辑设计有一个初步了解,最终能够实现整个系统的设计。

实训项目 1 使用门电路产生脉冲信号——自激多谐振荡器

项目任务单:

多谐振荡器是一种能产生矩形波的自激振荡器,也称矩形波发生器。多谐振荡器没有稳态,只有两个暂稳态。在工作时,电路的状态在这两个暂稳态之间自动地交替变换,由此产生矩形波脉冲信号,常用做脉冲信号源及时序电路中的时钟信号。用与非门作为一个开关倒相器件,设计构成各种脉冲波形的产生电路。

1. 实训目标

(1) 掌握使用门电路构成脉冲信号产生电路的基本方法。

(2) 掌握影响输出脉冲波形参数的定时元件数值的计算方法。

(3) 学习石英晶体稳频原理和使用石英晶体构成振荡器的方法。

2. 项目任务要求

(1) 用与非门设计一个非对称型多谐振荡器,要求信号输出频率 $f = 200$Hz。设计合理的元件参数,构建电路并调试出所要求的输出信号。

(2) 用与非门设计一个对称型多谐振荡器,要求信号输出频率范围为 100Hz～1kHz。设计合理的元件参数。

(3) 用与非门设计一个环型多谐振荡器,要求信号输出频率范围为 1～2kHz。

(4) 利用 TTL 器件设计一个晶体振荡电路。

3. 电路基本原理及电路设计

电路的基本工作原理是利用电容器的充放电原理。当输入电压达到与非门的阈值电压 V_T 时,门的输出状态即发生变化。因此,电路输出的脉冲波形参数直接取决于电路中阻容元件的数值。

(1) 非对称型多谐振荡器。如图 10—3 所示,与非门 3 用于输出波形整形。

非对称型多谐振荡器的输出波形是不对称的,当用 TTL 与非门组成时,输出脉冲宽度为:

$$t_{w1} = RC, \quad t_{w2} = 1.2RC, \quad T = 2.2RC$$

调节 R 和 C 值,可改变输出信号的振荡频率,通常用改变 C 实现输出频率的粗调,改变电位器 R 实现输出频率的细调。

(2) 对称型多谐振荡器。如图 10—4 所示,由于电路完全对称,电容器的充放电时间常数相同,故输出为对称的方波。改变 R 和 C 的值,可以改变输出振荡频率。与非门 3 用于输出波形整形。

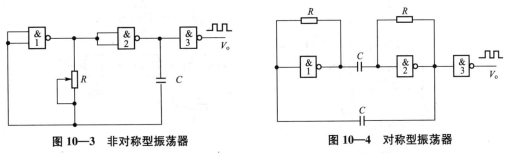

图 10—3 非对称型振荡器   图 10—4 对称型振荡器

一般取 $R \leqslant 1$kΩ,当 $R = 1$kΩ,$C = 100$pf～100μf 时,$f = n$Hz～nMHz,脉冲宽度 $t_{w1} = t_{w2} = 0.7RC$,$T = 1.4RC$。

（3）带 RC 电路的环形振荡器。电路如图 10—5 所示，与非门 4 用于输出波形整形，R 为限流电阻，一般取 100Ω，要求电位器 $R_w \leqslant 1k\Omega$，电路利用电容 C 的充放电过程，控制 D 点电压 V_D，从而控制与非门的自动启闭，形成多谐振荡，电容 C 的充电时间 t_{w1}、放电时间 t_{w2} 和总的振荡周期 T 分别为：

$$t_{w1} \approx 0.94RC, \quad t_{w2} \approx 1.26RC, \quad T \approx 2.2RC$$

调节 R 和 C 的大小可改变电路输出的振荡频率。

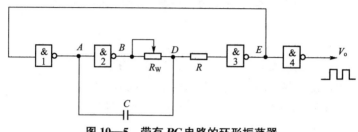

图 10—5　带有 RC 电路的环形振荡器

以上这些电路的状态转换都发生在与非门输入电平达到门的阈值电平 V_T 的时刻。在 V_T 附近电容器的充放电速度已经缓慢，而且 V_T 本身也不够稳定，易受温度、电源电压变化等因素以及干扰的影响。因此，电路输出频率的稳定性较差。

（4）石英晶体稳频的多谐振荡器。当要求多谐振荡器的工作频率稳定性很高时，上述几种多谐振荡器的精度已不能满足要求。为此常用石英晶体作为信号频率的基准。用石英晶体与门电路构成的多谐振荡器常用来为微型计算机等提供时钟信号。

图 10—6 所示为常用的晶体稳频多谐振荡器。（a）、（b）为 TTL 器件组成的晶体振荡电路；（c）、（d）为 CMOS 器件组成的晶体振荡电路，一般用于电子表中，其中晶体的 $f_0 = 32768Hz$。

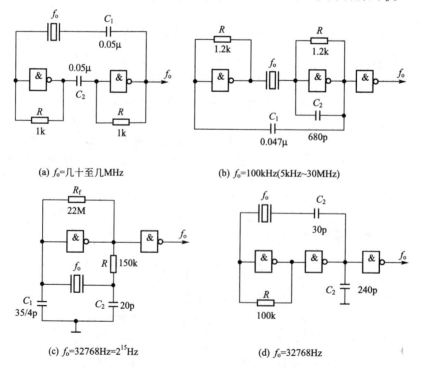

图 10—6　常用的晶体振荡电路

图 10—6(c) 中，门 1 用于振荡，门 2 用于缓冲整形。R_f 是反馈电阻，通常在几十兆欧之间选取，一般选 22MΩ。R 起稳定振荡作用，通常取十至几百千欧。C_1 是频率微调电容器，C_2 用于温度特性校正。

4. 项目任务实施内容及步骤

(1) 复习自激多谐振荡器的工作原理，画出本项目的详细线路图，计算电位器 R，电容器 C 的参数。拟出所需器件的清单、实验数据表格等。

(2) 采购所需器件，测试各器件的功能，判断选用器件的好坏。

(3) 用与非门 74LS00 按图 10—3 构建任务要求的非对称型多谐振荡器。

① 用示波器观察输出波形及电容 C 两端的电压波形，列表记录之。

② 调节电位器观察输出波形的变化，测出频率，列表记录之。

(4) 用 74LS00 按图 10—4 构建任务要求的对称型多谐振荡器，用示波器观察输出波形的变化并测出上、下限频率，并列表记录之。

(5) 用 74LS00 按图 10—5 构建任务要求的环型多谐振荡器，用示波器观察输出波形的变化并测出上、下限频率，并列表记录之。

① R_w 调到最大时，观察并记录 A、B、D、E、V_o 各点电压的波形，测出 V_o 的周期 T 和负脉冲宽度（电容 C 的充电时间）并与理论计算值比较。

② 改变 R_w 值，观察输出信号 V_o 波形的变化情况。

5. 项目总结报告

(1) 写出电路的设计、安装与调试过程。

(2) 画出实验电路，整理实验数据与理论值进行比较。

6. 问题探究

(1) 按图 10—3 构建非对称型多谐振荡器后，试用一只 100μf 电容器跨接在 74LS00 的 14 脚与 7 脚的最近处，观察输出波形的变化，测出上、下限频率，并列表记录之。

(2) 按图 10—6 参数要求，构建石英晶体稳频的多谐振荡器，用示波器观察输出波形，用频率计测量输出信号频率，记录之。

实训项目 2　交通灯控制电路设计

项目任务单：

由一条主干道和一条支干道的汇合点形成十字交叉路口，为确保车辆安全、迅速地通行，在交叉路口的每个入口处设置了红、绿、黄三色信号灯。红灯亮禁止通行；绿灯亮允许通行；黄灯亮则给行驶中的车辆有时间停靠在禁行线外。实现红、绿灯的自动指挥对城市交通管理现代化有着重要的意义。

1. 实训目标

(1) 掌握交通灯控制电路的设计、组装与调试方法。

(2) 熟悉数字集成电路的选择和使用方法。

2. 项目任务要求

(1) 用红、绿、黄三色发光二极管作为信号灯。

(2) 当主干道允许通行亮绿灯时，支干道亮红灯，而支干道允许亮绿灯时，主干道亮红灯。

(3) 主支干道交替允许通行，主干道每次放行 30s、支干道 20s。设计 30s 和 20s 计时显示电路。

（4）在每次由亮绿灯变成亮红灯的转换过程中间，要亮5s的黄灯作为过渡，以使行驶中的车辆有时间停到禁止线以外，设置5s计时显示电路。

3. 电路基本原理及电路设计

实现上述任务的控制器整体结构如图10—7所示。

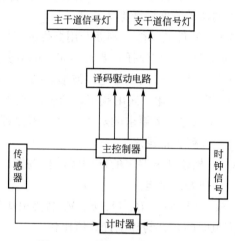

图10—7 交通灯控制器结构图

（1）主控制器。主控电路是本项目的核心，它的输入信号来自车辆的检测信号，以及30s、20s、5s三个定时信号，它的输出一方面经译码后分别控制主干道和支干道的三个信号灯，另一方面控制定时电路启动。主控电路属于时序逻辑电路。

主控电路的输入信号有：

主干道允许通行 $A=1$，禁止通行 $A=0$；

支干道允许通行 $B=1$，禁止通行 $B=0$；

主干道允许通行30s为 $L=1$，禁止通行30s为 $L=0$；

支干道允许通行20s为 $S=1$，禁止通行20s为 $S=0$；

黄灯亮时间5s为 $P=1$，未亮时间5s为 $P=0$。

主干道和支干道各自的三种灯（红、黄、绿），正常工作时，只有四种可能。交通灯的四种状态表见表10—1。

表10—1　　　　　　　　　　　交通灯四种状态表

主干道绿灯			支干道			定时器	状态
绿灯	红灯	黄灯	绿灯	红灯	黄灯		
亮				亮		30s	S_0
		亮		亮		5s	S_1
	亮		亮			20s	S_2
	亮				亮	5s	S_3

① 主干道绿灯和支干道红灯亮，主干道通行，启动30s定时器，状态为 S_0；

② 主干道黄灯和支干道红灯亮，主干道禁行，启动5s定时器，状态为 S_1；

③ 主干道红灯和支干道绿灯亮，支干道通行，启动20s定时器，状态为 S_2；

④ 主干道红灯和支干道黄灯亮，支干道禁行，启动5s定时器，状态为 S_3。

四种状态的转换关系如图 10—8 所示。上述四种状态的分配和转换可用两个 JK 触发器表达。

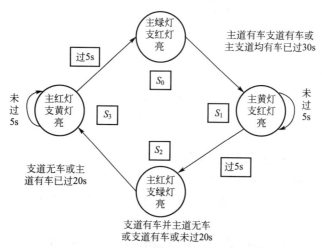

图 10—8　交通灯控制状态转换图

（2）计时器电路。这些计时器除需要秒脉冲作为时钟信号外，还应受主控器的状态和传感器信号的控制。例如，30s 计时器应在主、支干道都有车，主控器进入 S_0 状态（主干道通行）时开始计时，等到 30s 后往主控器送出信号（$L=1$）并产生复零脉冲使该计数器复零。同样，20s 计时器必须在主、支干道都有车，主控器进入 S_2 状态时开始计数，而 5s 计时器则要在进入 S_1 或 S_3 状态时开始计数，待到规定时间分别输出 $S=1$、$P=1$ 信号，并使计数器复零。设计中 30s 计数器可以采用两个十进制计数器 T210 级连成三十进制计数器，为使复零信号有足够的宽度，可采用基本 RS 触发器组成反馈复零电路。按同样的方法可以设计出 20s 和 5s 计时电路，与 30s 计时电路相比，后两者只是控制信号和反馈信号的引出端不同而已。

（3）译码驱动电路。

① 信号灯译码电路。主控器的四种状态分别要控制主、支干道红黄绿灯的亮与灭。令灯亮为"1"，灯灭为"0"，主干道红、黄、绿灯分别为 R、Y、G，支干道红、黄、绿灯分别为 r、y、g，则信号灯译码电路的真值表如表 10—2 所示。

表 10—2　　　　　　　　　　　　　信号灯译码电路真值表

输　　入		输　　出					
Q_2	Q_1	R	Y	G	r	y	g
0	0	0	0	1	1	0	0
0	1	0	1	0	1	0	0
1	0	1	0	0	0	1	0
1	1	1	0	0	0	0	1

由真值表 10—2 可进一步得到各灯的逻辑表达式，进而确定其电路的结构。

② 计时显示译码电路。计时显示实际是一个定时控制电路，当 30s、20s、5s 任一计数器计数时，在主支干道各自可通过数码管显示出当前的计数值。计数器输出的七段数码显示用 BCD 码七段译码器驱动即可。

（4）时钟信号发生器电路。该电路要实现的功能是产生稳定的秒脉冲信号，确保整个电路装置同步工作和实现定时控制。此电路的设计可参考实训项目1中晶体振荡电路的设计。如果计时精确度要求不高，也可采用 RC 环形多谐振荡器。

（5）传感器。设计中用开关代替传感器，主干道有车 $A=1$，无车 $A=0$；支干道有车 $B=1$，无车 $B=0$。

4．项目任务实施的内容及步骤

（1）画出整机电路图，并列出所需器件清单。

（2）采购器件，测试各器件的功能，判断选用器件的好坏。

（3）并按设计电路图接线，认真检查电路是否正确，注意器件引脚的连接，"悬空端"、"清零端"、"置1端"要正确处理。

（4）秒脉冲信号发生器与计时电路的调试。

（5）主控器电路的调试，A、B、L、S、P 信号用逻辑开关 S_1、S_2、S_3、S_4、S_5 分别代替，秒脉冲作为时钟信号，在 $S_1 \sim S_5$ 不同状态时，主控器状态应按图10—8的状态转换图转换。

（6）如果以上逻辑关系正确，即可与计时器输出 L、S、P 相接，进行动态调试。此时，A、B 信号仍用逻辑开关 S_1、S_2 代替。

（7）信号灯译码调试亦是如此，先用两个逻辑开关代替 Q_2、Q_1，当 Q_2、Q_1 分别为00、01、10、11时，代表交通灯的6个发光二极管应按表10—2的设计要求发光。

（8）各单元电路均能正常工作后，即可进行整机调试。

5．项目总结报告

（1）写出交通灯控制电路的设计、安装与调试过程。

（2）分析安装与调试中发现的问题及故障排除的方法。

6．问题探究

如果在黄灯亮时，要求黄灯每秒闪烁一次，电路应该怎样设计。

实训项目3　四人智力竞赛抢答器设计

项目任务单：

设计一台可供四名选手参加比赛的智力竞赛抢答器。用数字显示抢答倒计时间，由"9"倒计到"0"时，无人抢答，蜂鸣器连续响0.5s。有选手抢答时，数码显示选手组号，同时蜂鸣器响0.5s，倒计时停止。

1．实训目标

（1）掌握四人智力竞赛抢答器电路的设计、组装与调试方法。

（2）学习数字电路中 D 触发器、分频电路、多谐振荡器、CP 源等单元电路的综合运用。

（3）熟悉智力竞赛抢赛器的工作原理。

（4）熟悉数字集成电路的设计和使用方法。

（5）了解简单数字系统实验、调试及故障排除方法。

2．项目任务要求

用 TTL 或 CMOS 集成电路设计智力竞赛抢答器逻辑控制电路，具体要求如下：

（1）四名选手编号为1、2、3、4。各有一个抢答按钮，按钮的编号与选手的编号对应。

（2）给主持人设置一个控制按钮，用来控制系统清零（抢答显示数码管灭灯）和抢答的开始。

（3）抢答器具有数据锁存和显示的功能。抢答开始后，若有选手按动抢答按钮，该选手编号立即锁存，并在抢答显示器上显示该编号，同时扬声器给出音响提示，封锁输入编码电路，禁止其他选手抢答。抢答选手的编号一直保持到主持人将系统清零为止。

（4）抢答器具有定时（9s）抢答的功能。当主持人按下开始按钮后，定时器开始倒计时，定时显示器显示倒计时间，若无人抢答，倒计时结束时，扬声器响，音响持续 0.5s。参赛选手在设定时间（9s）内抢答有效，抢答成功，扬声器响，音响持续 0.5s，同时定时器停止倒计时，抢答显示器上显示选手的编号，定时显示器上显示剩余抢答时间，并保持到主持人将系统清零为止。

（5）如果抢答定时已到，却没有选手抢答时，本次抢答无效。系统扬声器报警（音响持续 0.5s），并封锁输入编码电路，禁止选手超时后抢答，时间显示器显示 0。

（6）用石英晶体振荡器产生频率为 1Hz 的脉冲信号作为定时计数器的 CP 信号。

3. 电路基本原理及电路设计

电路主要由脉冲产生电路、锁存电路、编码及译码显示电路、倒计时电路和音响产生电路组成。当有选手抢答时，首先锁存，阻止其他选手抢答，然后编码，再经 4 线 7 段译码器将数字显示在显示器上同时产生音响。主持人宣布开始抢答时，倒计时电路启动由 9 计到 0，如有选手抢答，倒计时停止。抢答器原理图如图 10—9 所示。

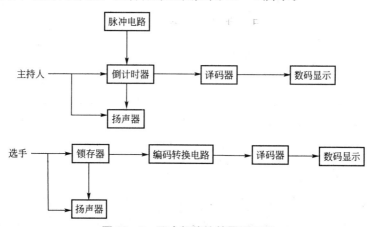

图 10—9　四人智能抢答器原理图

（1）以锁存器为中心的编码显示电路。抢答信号的判断和锁存可采用触发器或锁存器。若以四 D 触发器 74LS175 为中心构成编码锁存系统，编码的作用是把锁存器的输出转换成 8421BCD 码，进而送给 7 段显示译码器。其真值表如表 10—3 所示。

表 10—3　　　　　　　　　　　　　　　　锁存编码真值表

锁存器输出				编码器输出			
Q_4	Q_3	Q_2	Q_1	D	C	B	A
0	0	0	1	0	0	0	1
0	0	1	0	0	0	1	0
0	1	0	0	0	0	1	1
1	0	0	0	0	1	0	0

抢答信号的锁存可通过 D 触发器的输出相"与"反馈门控触发脉冲实现，当无人抢答时，四个 D 触发器的输出 Q 非相与，为"1"时，脉冲能够进入触发器，有一人抢答时，与门中有一个变为"0"，使脉冲不能进入触发器，从而防止其他人抢答。

（2）脉冲产生电路。采用石英晶体振荡器可产生高精度的秒脉冲，电路可参考多功能数字钟设计中的时钟电路。

（3）倒计时显示电路。该电路可采用十进制同步减计数器 74LS190，主持人宣布开始时，按下按钮，同时使计数器置数为"9"，并在脉冲作用下开始倒计时并在显示器上显示，到零时停止。

（4）音响电路。可以利用单稳态触发器 74LS121 产生定宽的抢答输出脉冲，接入蜂鸣器，根据脉冲宽度可计算得蜂鸣器鸣叫时间。再由主持人、选手、倒计时共同控制它的输入，使其在主持人开始、选手抢答、倒计时到零时都能鸣叫。

图 10—10 为供四人用的智力竞赛抢答装置线路，用以判断抢答优先权。

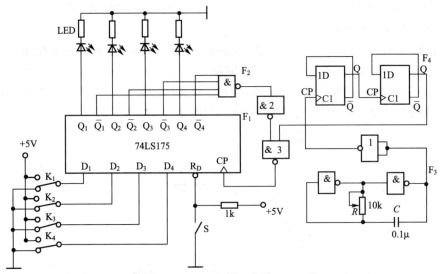

图 10—10 智力竞赛抢答装置原理图

在图 10—10 中 F_1 为四 D 触发器 74LS175，它具有公共置 0 端和公共 CP 端；F_2 为双四输入与非门 74LS20；F_3 是由 74LS00 组成的多谐振荡器；F_4 是由 74LS74 组成的四分频电路，F_3、F_4 组成抢答电路中的 CP 源，抢答开始时，由主持人清除信号，按下复位开关 S，74LS175 的输出 $Q_1 \sim Q_4$ 全为 0，所有发光二极管 LED 均熄灭，当主持人宣布"抢答开始"后，首先作出判断的参赛者立即按下抢答按钮（开关 K），对应的发光二极管点亮，同时，通过与非门 F_2 送出信号锁住其余三个抢答者的电路，不再接收其他信号，直到主持人再次清除信号为止。

4. 项目任务内容及步骤

（1）写出项目的设计过程，画出整个系统实现的电路图，列出所需器件清单。

（2）采购器件，判断选用器件的功能好坏。

（3）按设计图接线，并按电路图接线，认真检查电路是否正确，注意器件引脚的连接，"悬空端"、"清零端"、"置 1 端"，电源、接地，要正确处理。抢答器四个开关接实验装置上的逻辑开关、发光二极管接逻辑电平显示器。

（4）断开抢答器电路中 CP 源电路，单独对多谐振荡器 F_3 及分频器 F_4 进行调试，调整多谐振荡器 10k 电位器，利用双踪示波器观察脉冲电路的输出波形，使其输出脉冲频率约 4kHz，观察 F_3 及 F_4 输出波形及测试其频率。

（5）测试抢答器电路功能。接通＋5 电源，CP 端接实验装置上连续脉冲源，取重复频率约 1kHz。主持人给开始信号，再观察减法计数器的输出经数码管显示是否正确。观察选手抢答时锁存器输出是否控制其时钟脉冲的通断，从而判断是否自锁了其他选手的抢答信号。抢答信号到 BCD 码的转换可将转换逻辑的输出与真值表对照检查，看设计是否正确。

① 抢答开始前，开关 K_1、K_2、K_3、K_4 均置"0"，准备抢答，将开关 S 置"0"，发光二极管全熄灭，再将 S 置"1"。抢答开始，K_1、K_2、K_3、K_4 中某一开关置"1"，观察发光二极管的亮、灭情况，然后再将其他三个开关分别置"1"，观察发光二极的亮、灭有否改变。

② 重复①的内容，改变 K_1、K_2、K_3、K_4 任意一个开关状态，观察抢答器的工作情况。

③ 整体测试。给整个系统通电，主持人给开始信号，对选手给抢答和没有抢答分别进行测试，观察定时显示和抢答显示的显示结果。

④ 断开实验装置上的连续脉冲源，接入 F_3 和 F_4，再进行实验。

5. 工作任务总结报告

（1）总结抢答器电路整体设计、安装与调试过程。要求有电路图、设计原理说明、电路所需元件清单、电路参数计算、元件选择、测试结果分析。

（2）分析安装与调试中发现的问题及故障排除的方法。

6. 问题探究

若要在图 10—10 所示电路中加一个计时功能，要求计时电路显示时间精确到秒，最多限制为 1min，一旦超出限时，则取消抢答权，电路如何改进。

实训项目 4 简易数字频率计设计

工作任务单：

数字频率计是用于测量信号（方波、正弦波或其他脉冲信号）的频率，并用十进制数字显示频率，它具有精度高，测量迅速，读数方便等优点。使用中、小规模集成电路设计与制作一台简易的数字频率计。

（1）在 Multisim 平台上设计数字频率计各单元电路。

① 可控制的计数、锁存、译码显示系统。

② 石英晶体振荡器及分频系统（可用 Multisim 中的函数发生器替代）。

③ 带衰减器的放大整形系统（只用施密特触发器整形，其余的用函数发生器替代）。

（2）设计频率计的整机电路并画出框图和总电路图。

（3）调试单元电路和整机电路，并测试结果。

1. 实训目标

（1）熟悉仿真软件 Multisim 的使用。

（2）了解各功能器件的原理及应用。

（3）设计并画出电路原理图。

2. 项目任务要求

数字频率计应具有下述功能。

（1）被测信号为方波信号。

（2）位数：计四位十进制数。计数位数主要取决于被测信号频率的高低，如果被测信号频率较高，精度又较高，可相应增加显示位数。

（3）量程。

第一挡：最小量程挡，最大读数是 9.999kHz，闸门信号的采样时间为 1s。

第二挡：最大读数为 99.99kHz，闸门信号的采样时间为 0.1s。

第三挡：最大读数为 999.9kHz，闸门信号的采样时间为 10ms。

第四挡：最大读数为 9999kHz，闸门信号的采样时间为 1ms。

（4）显示方式。

① 用七段 LED 数码管显示读数，做到显示稳定、不跳变。

② 小数点的位置跟随量程的变更而自动移位。

③ 为了便于读数，要求数据显示的时间在 0.5～5s 内连续可调。

（5）具有"自检"功能。

3. 电路基本原理及电路设计

（1）工作原理。脉冲信号的频率就是在单位时间内所产生的脉冲个数，其表达式为 $f=N/T$。其中，f 为被测信号的频率；N 为计数器所累计的脉冲个数；T 为产生 N 个脉冲所需的时间。计数器所记录的结果，就是被测信号的频率。如在 1s 内记录 1000 个脉冲，则被测信号的频率为 1kHz。

本项目仅讨论一种简单易制的数字频率计，其原理框图如图 10—11 所示。

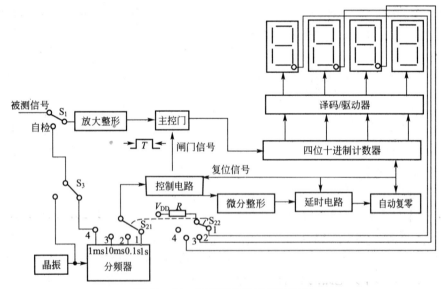

图 10—11　数字频率计的原理框图

晶振产生较高的标准频率，经分频器后可获得各种时基脉冲（1ms、10ms、0.1s、1s 等），时基信号的选择由开关 S_2 控制。被测频率的输入信号经放大整形后变成矩形脉冲加到主控门的输入端，如果被测信号为方波，放大整形可以不要，将被测信号直接加到主控门的输入端。时基信号经控制电路产生闸门信号至主控门，只有在闸门信号采样期间内（时基信号的一个周期），输入信号才通过主控门。若时基信号的周期为 T，进入计数器的输入脉冲数为 N，则被测信号的频率 $f=N/T$，改变时基信号的周期 T，即可得到不同的测频范围。当主控门关闭时，计数器停止计数，显示器显示记录结果。此时控制电路输出一个置零信号，经延时、整形电路的延时，当达到所调节的延时时间时，延时电路输出一个复位信号，使计数器和所有的触发器置0，为后续新的一次取样做好准备，即能锁住一次显示的时间，使保留到接收新的一次取样为止。

当开关 S_2 改变量程时，小数点能自动移位。

若开关 S_1、S_3 配合使用，可将测试状态转为"自检"工作状态（即用时基信号本身作为被测信号输入）。

（2）控制电路单元电路的设计及工作原理。控制电路与主控门电路如图 10—12 所示。

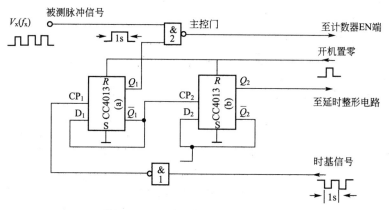

图 10—12　控制电路及主控门电路

主控电路由双 D 触发器 CC4013 及与非门 CC4011 构成。CC4013(a) 的任务是输出闸门控制信号，以控制主控门 2 的开启与关闭。如果通过开关 S_2 选择一个时基信号，当给与非门 1 输入一个时基信号的下降沿时，与非门 1 就输出一个上升沿，则 CC4013(a) 的 Q_1 端就由低电平变为高电平，将主控门 2 开启。允许被测信号通过该主控门并送至计数器输入端进行计数。相隔 1s（或 0.1s、10ms、1ms）后，又给与非门 1 输入一个时基信号的下降沿，与非门 1 输出端又产生一个上升沿，使 CC4013(a) 的 Q_1 端变为低电平，将主控门关闭，使计数器停止计数，同时 $\overline{Q_1}$ 端产生一个上升沿，使 CC4013(b) 翻转成 $Q_2=1$、$\overline{Q_2}=0$，由于 $\overline{Q_2}=0$，它立即封锁与非门 1 不再让时基信号进入 CC4013(a)，保证在显示读数的时间内 Q_1 端始终保持低电平，使计数器停止计数。

利用 Q_2 端的上升沿送到下一级的延时、整形单元电路。当到达所调节的延时时间时，延时电路输出端立即输出一个正脉冲，将计数器和所有 D 触发器全部置0。复位后，$Q_1=0$、$\overline{Q_1}=1$，为下一次测量做好准备。当时基信号又产生下降沿时，则上述过程重复。

（3）微分、整形单元电路的设计及工作原理，电路如图 10—13 所示。CC4013(b) 的 Q_2 端所产生的上升沿经微分电路后，送到由与非门 CC4011 组成的斯密特整形电路的输入端，在输出端可得到一个边沿十分陡峭且具有一定脉冲宽度的负脉冲，然后再送下一级延时电路。

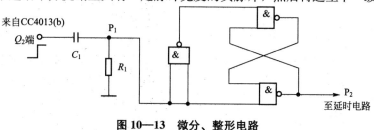

图 10—13　微分、整形电路

（4）延时单元电路的设计及工作原理。延时电路由 D 触发器 CC4013(c)、积分电路（由电位器 R_{W1} 和电容器 C_2 组成）、非门（3）以及单稳态电路所组成，如图 10—14 所示。由于 CC4013(c) 的 D_3 端接 V_{DD}，因此，在 P_2 点所产生的上升沿作用下，CC4013(c) 翻转，翻转后 $\overline{Q}_3 = 0$，由于开机置"0"时或门（1）（见图 10—15）输出的正脉冲将 CC4013(c) 的 Q_3 端置"0"，因此 $\overline{Q}_3 = 1$，经二极管 2AP9 迅速给电容器 C_2 充电，使 C_2 两端的电压达"1"电平，而此时 $\overline{Q}_3 = 0$，电容器 C_2 经电位器 R_{W1} 缓慢放电。当电容器 C_2 上的电压放电降至非门（3）的阈值电平 V_T 时，非门（3）的输出端立即产生一个上升沿，触发下一级单稳态电路。此时，P_3 点输出一个正脉冲，该脉冲宽度主要取决于时间常数 $R_t C_t$ 的值，延时时间为上一级电路的延时时间和这一级延时时间之和。

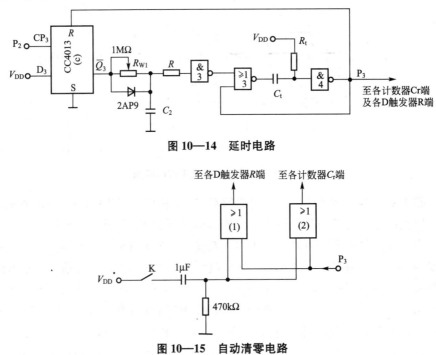

图 10—14　延时电路

图 10—15　自动清零电路

由实验求得，如果电位器 R_{W1} 用 510Ω 的电阻代替，C_2 取 3μf，则总的延迟时间是显示器所显示的时间 3s 左右。如果电位器 R_{W1} 用 2MΩ 的电阻取代，C_2 取 22μf，则显示时间可达 10s。可见，调节电位器 R_{W1} 可以改变显示时间。

（5）自动清零单元电路的设计及工作原理。P_3 点产生的正脉冲送到图 10—15 所示的或门组成的自动清零电路，将各计数器和所有的触发器置零。在复位脉冲的作用下，$Q_3 = 0$、$\overline{Q}_3 = 1$，于是 $\overline{Q}_3$ 端的高电平经二极管 2AP9 再次对电容 C_2 充电，补上刚才放掉的电荷，使 C_2 两端的电压恢复为高电平，又因为 CC4013(b) 复位后使 Q_2 再次变为高电平，所以与非门（1）又被开启，电路重复上述变化过程。

4. 项目任务实施内容及步骤

（1）写出项目设计步骤，画出设计的数字频率计的电路总图，列出所需器件清单。

（2）试用 Multisim 构建设计电路，调试单元电路和整机电路，并验证设计结果。

（3）采购器件，判断选用器件的功能好坏。

（4）组装和调试。

① 时基信号通常使用石英晶体振荡器输出的标准频率信号经分频电路获得。为了实验调试方便，可用实验设备上脉冲信号源输出的 1kHz 方波信号经 3 次 10 分频获得。

② 按设计的数字频率计逻辑图在实验装置上布线。

③ 用 1kHz 方波信号送入分频器的 CP 端，用数字频率计检查各分频级的工作是否正常。用周期为 1s 的信号作为控制电路的时基信号输入，用周期等于 1ms 的信号作为被测信号，用示波器观察和记录控制电路输入、输出波形，检查控制电路所产生的各控制信号能否按正确的时序要求控制各个子系统。用周期为 1s 的信号送入各计数器的 CP 端，用发光二极管指示检查各计数器的工作是否正常。用周期为 1s 的信号作延时、整形单元电路的输入，用两只发光二极管作指示，检查延时、整形单元电路的输入，用两只发光二极管作指示，检查延时、整形单元电路的工作是否正常。

④ 若各个子系统的工作都正常，将各子系统连起来进行统调。

5. 工作任务总结报告

(1) 总结项目设计步骤，整体设计、安装与调试过程。要求有电路图、设计原理说明、电路所需元件清单、电路参数计算、元件选择、测试结果分析。

(2) 总结项目设计方法及问题的解决过程。

6. 问题探究

若测量的频率范围低于 1MHz，分辨率为 1Hz，可采用如图 10—16 所示的电路，只要选择参数正确，连线无误，通电后即能正常工作，无需调试。请分析它的工作原理。查找资料了解 CC4553 三位十进制计数器引脚排列及功能。

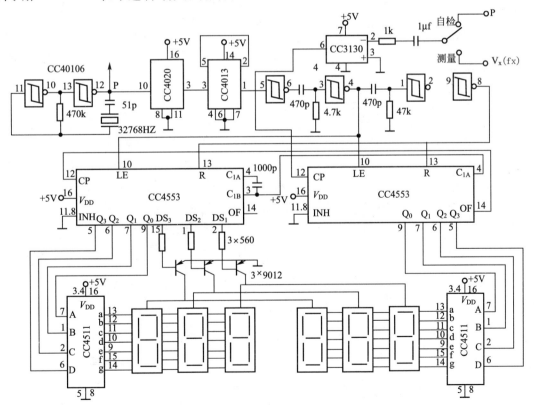

图 10—16　CC4553 三位十进制计数器引脚排列及功能

附录 A　常用集成电路引脚图

一、TTL 数字集成电路引脚图

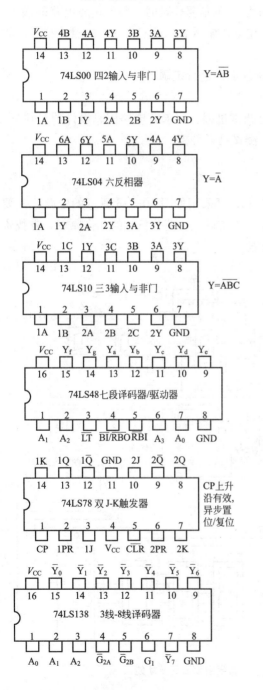

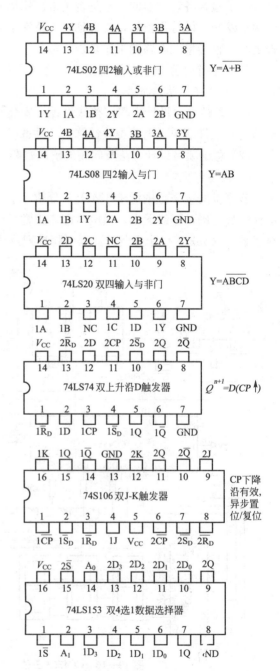

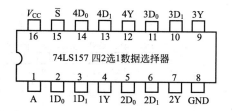

74LS157 四2选1数据选择器

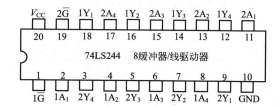

74LS244 8缓冲器/线驱动器

二、CMOS 集成电路引脚图

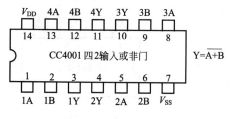

CC4001 四2输入或非门 $Y=\overline{A+B}$

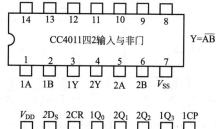

CC4011四2输入与非门 $Y=\overline{AB}$

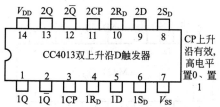

CC4013双上升沿D触发器 CP上升沿有效,高电平置0、置1

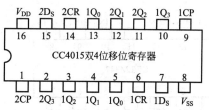

CC4015双4位移位寄存器

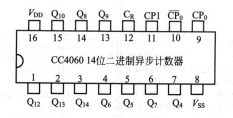

CC4060 14位二进制异步计数器

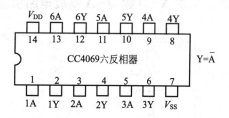

CC4069六反相器 $Y=\overline{A}$

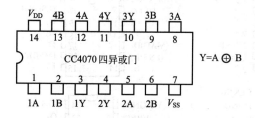

CC4070 四异或门 $Y=A \oplus B$

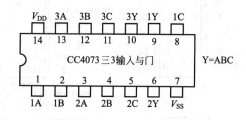

CC4073 三3输入与门 $Y=ABC$

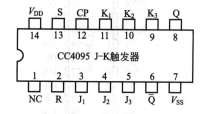

CC4095 J-K触发器

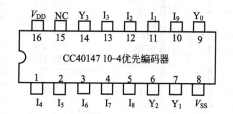

CC40147 10-4优先编码器

189

三、常用集成运算放大器引脚图

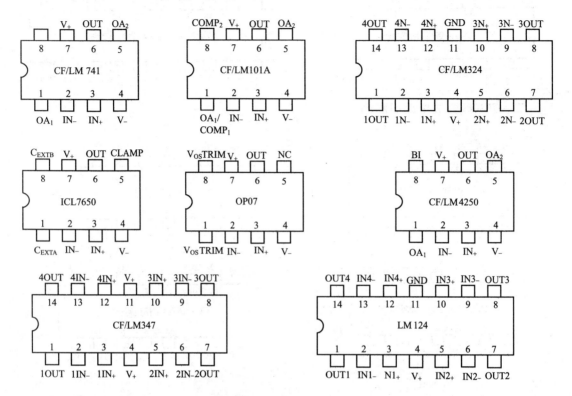

四、常用 A－D 和 D－A 集成电路引脚图

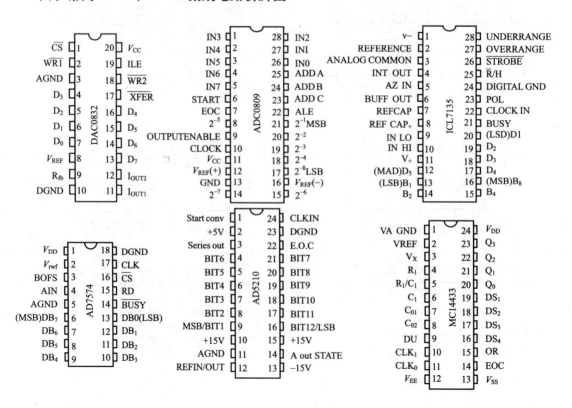

五、常用存储器芯片引脚图

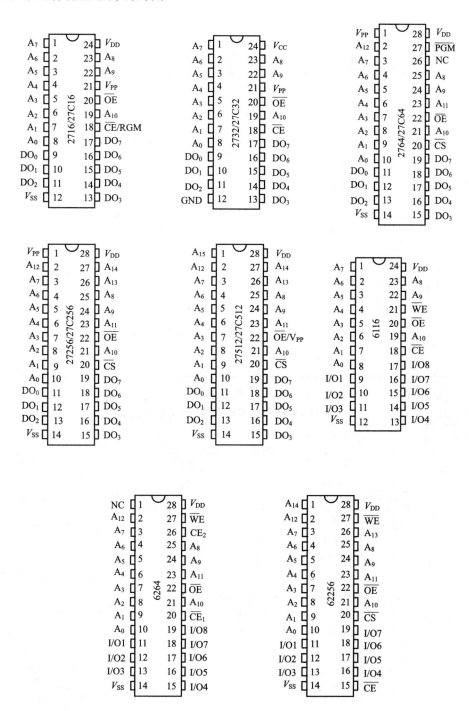

附录 B　国标集成电路的型号命名方法

一、国标（GB 3431—82）对集成电路的型号命名见表 B—1。

表 B—1　　　　　　　　　　　国标（GB 3431—82）集成电路的型号命名方法

第一部分：国标		第二部分：电路类型		第三部分：电路系列和代号	第四部分：温度范围		第五部分：封装形式	
字母	含义	字母	含义		字母	含义	字母	含义
C	中国制造	B	非线性电路	用数字（一般为4位）表示电路系列和代号	C	0℃～70℃	B	塑料扁平封装
		C	CMOS 电路				D	陶瓷直插封装
		D	音响、电视电路					
		E	ECL 电路		E	−40℃～85℃	F	全密封扁平封装
		F	线性放大器					
		H	HTL 电路				J	黑陶装直插封装
		J	接口电路		R	−55℃～85℃		
		M	存储器				K	金属菱形封装
		T	TTL 电路					
		W	稳压器		M	−55℃～125℃	T	金属圆形封装
		μ	微处理器					

二、国标（GB 3430—89）对集成电路的型号命名见表 B—2。

表 B—2　　　　　　　　　　　国标（GB 3430—89）集成电路的型号命名方法

第一部分：国标		第二部分：电路类型		第三部分：电路系列和代号	第四部分：温度范围		第五部分：封装形式	
字母	含义	字母	含义		字母	含义	字母	含义
C	中国制造	B	非线性电路	用数字或数字与字母混合表示集成电路系列和代号	C	0℃～70℃	B	塑料扁平
		C	CMOS 电路				C	陶瓷芯片载体封装
		D	音响、电视电路		G	−25℃～70℃	D	多层陶瓷双列直插
		E	ECL 电路				E	塑料芯片载体封装
		F	线性放大器				F	多层陶瓷扁平
		H	HTL 电路		L	−25℃～85℃	G	网络阵列封装
		J	接口电路				H	黑瓷扁平
		M	存储器		E	−40℃～85℃	J	黑瓷双列直插封装
		W	稳压器				K	金属菱形封装
		T	TTL 电路		R	−55℃～85℃	P	塑料双列直插封装
		μ	微型机电路					
		A-D	A-D 转换器				S	塑料单列直插封装
		D-A	D-A 转换器		M	−55℃～125℃	T	金属圆形封装
		SC	通信专用电路					
		SS	敏感电路					
		SW	钟表电路					

注：国际（GB 3431—82）首次发布于 1982 年，1988 年 7 月做了第一次修订，分别以国际（GB 3431—82）和国际（GB 3430—89）表示，现在国标（GB 3431—82）已被（GB 3430—89）代替，但也有少数产品还继续沿用，在应用和查找过去发表的资料时，常用到旧的器件型号。

附录 C 部分习题参考答案

第 1 章

1. (1) 599　　(2) 3576　　(3) 474

2. 二进制数所对应的原码、反码和补码。

(1) 00001101　　00001101　　00001101　(2) 10010110　　11101001　　11101010

(3) 1100010　　1100010　　1100010　(4) 11001000　　10110111　　10111000

3. (1) $Y' = A + BC$　　(2) $Y' = (A + \overline{B})(A + CD)$

4. (1) $\overline{Y} = \overline{A}\underline{B} + \overline{C}(\overline{D} + EF)$　　(2) $\overline{Y} = (A + \overline{B}C)(\overline{B} + C)E$

5. (1) $\overline{D}$　　(2) $A\overline{B}$　　(3) $A\overline{B} + BC$　　(4) AB　　(5) 1

(6) $A + CDF$　　(7) $A + \overline{B}C$　　(8) 0　　(9) $B\overline{C} + B(A \oplus D)$　　(10) $\overline{B} + C + A\overline{D}$

6. (1) $\overline{A}B + AC$　　(2) $B\overline{C} + \overline{A}CD + A\overline{C}D + AB\overline{D}$　　(3) $A\overline{B} + C + D$

(4) $\overline{B} + C + D$　　(5) $A\overline{B}C + B\overline{C} + D$　　(6) $\overline{A}\overline{B} + AC + B\overline{C}$

(7) C　　(8) $\overline{A}\overline{B} + \overline{A}\overline{C}D + A\overline{B}\overline{C}$　　(9) $\overline{A} + B + C$　　(10) $\overline{A} + \overline{B}$

7. (1)

A	B	C	Y
0	0	0	0
0	0	1	0
0	1	0	0
0	1	1	1
1	0	0	0
1	0	1	1
1	1	0	1
1	1	1	0

(2)

A	B	C	Y
0	0	0	1
0	0	1	0
0	1	0	0
0	1	1	0
1	0	0	0
1	0	1	0
1	1	0	0
1	1	1	1

8.

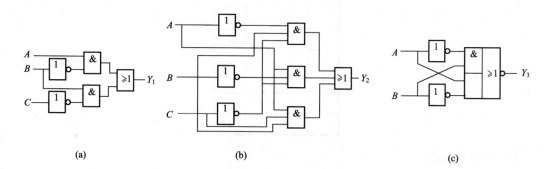

(a)　　　　　　　　(b)　　　　　　　　(c)

9. (a) $\overline{\overline{A}\,\overline{\overline{BC}}}=A\,\overline{BC}$ (b) $\overline{AB+CD}$ (c) $\overline{\overline{ABC}+\overline{D}}$

第 2 章

1．B   2．B   3．C   4．A   5．B   6．A   7．E   8．A   9．B   10．B

11．NPN 型，锗管，U_3 是 E 极、U_2 是 B 极、U_1 是 C 极。

12．门槛电压（阈值电压）V_{TH}，决定电路截止和导通的分界线，也是决定输出高、低电压的分界线。TTL 门电路门槛电压是 V_{TH} 的值为 $1.3\sim1.4V$。

13．悬空或者接高电平；不能；因为接地相当于接零（低电平）。

14．(a) A (b) $\overline{A}$ (c) $\overline{A}$ (d) $\overline{A}$

15．(c)

第 3 章

1．略 2．略

3．$F=\overline{\overline{AB}\cdot\overline{AC}}=AB+AC$

A	B	C	F
0	0	0	0
0	0	1	0
0	1	0	0
0	1	1	0
1	0	0	0
1	0	1	1
1	1	0	1
1	1	1	1

逻辑功能为：多数通过的表决电路。

4．不一致电路

5．(1) 逻辑抽象

输入变量：A、B、C，分别表示红、黄、绿三盏灯，灯亮为 "1"，灯不亮为 "0"。

输出变量：F，表示报警与否，报警为 "1"，不报警为 "0"。

(2) 列真值表

A	B	C	F
0	0	0	1
0	0	1	0
0	1	0	0
0	1	1	1
1	0	0	0
1	0	1	1
1	1	0	1
1	1	1	1

(3) 写出函数式

$F=\overline{A}\,\overline{B}\,\overline{C}+AC+AB+BC=\overline{\overline{A}\,\overline{B}\,\overline{C}\cdot\overline{AC}\cdot\overline{AB}\cdot\overline{BC}}$

（4）画出逻辑图

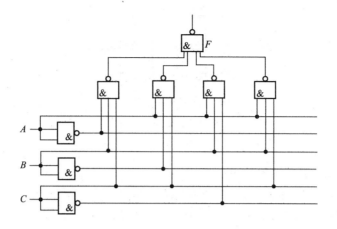

6.

（1）逻辑抽象

设输入、输出变量并逻辑赋值

输入变量：A、B、C、D，合格为"1"，不合格为"0"。

输出变量：输出函数为 F，多数通过时 $F=1$，否则 $F=0$。

（2）列出真值表

A	B	C	D	F
0	0	0	0	0
0	0	0	1	0
0	0	1	0	0
0	0	1	1	1
0	1	0	0	0
0	1	0	1	1
0	1	1	0	0
0	1	1	1	1
1	0	0	0	0
1	0	0	1	1
1	0	1	0	0
1	0	1	1	1
1	1	0	0	0
1	1	0	1	1
1	1	1	0	1
1	1	1	1	1

（3）根据真值表写出逻辑函数表达式

$$F=\overline{A}BCD+\overline{A}B\,\overline{C}D+\overline{A}BCD+A\,\overline{B}CD+A\,\overline{B}CD+AB\,\overline{C}D+ABC\overline{D}+ABCD$$

用卡诺图化简

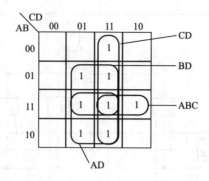

所以，$F = CD + BD + ABC + AD$

变换为用"与非门"表示：$F = \overline{\overline{CD}\ \overline{BD}\ \overline{AD}\ \overline{ABC}}$

根据逻辑函数表达式，画出逻辑电路图，如下图所示。

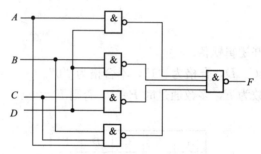

7. $Y_1 = \overline{C}\,\overline{B}A + \overline{C}B\overline{A} + C\,\overline{B}\,\overline{A} + CB\overline{A}$；$Y_2 = \overline{C}\,\overline{B}A + \overline{C}BA + C\,\overline{B}A + CBA$

8.

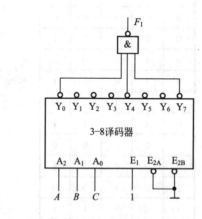

9.

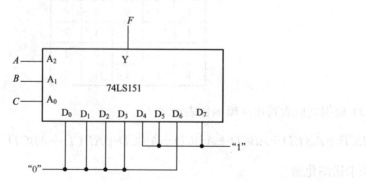

10.

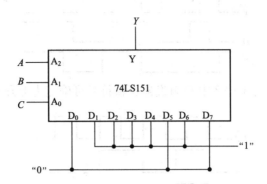

第 4 章

1~4. 略

5.

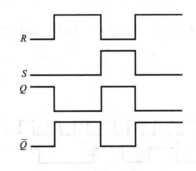

6.

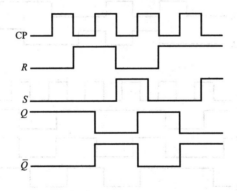

7.

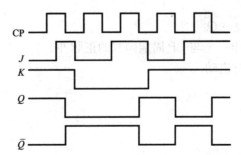

8. 维护阻塞电路是一种边沿控制，CP 上升沿触发，在 CP＝1 期间是维护阻塞作用存在的电路。$Q^{n+1}＝D$。

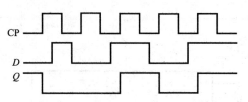

9. $Q^{n+1}=A\oplus B$，由图 4—32 中 D 触发器逻辑符号可确定为上升沿触发。

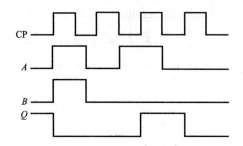

10. (a) $Q^{n+1}=J\overline{Q^n}+\overline{K}+Q^n=0$，(b) $Q^{n+1}=D\overline{Q^n}$，(c) $Q^{n+1}=J\overline{Q^n}+\overline{K}Q^n+\overline{Q^n}$

第 5 章

1~3. 略

4.

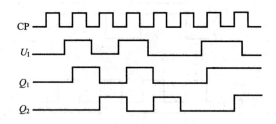

5.

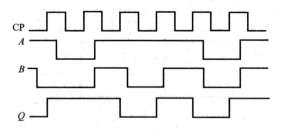

6. $Y=\overline{\overline{Q_0}\cdot Q_1}$，$Z=\overline{\overline{Q_1}\cdot Q_0}$

A 出现下降沿时，输出一个与 CP 周期同宽的正脉冲。

7. $Q_1{}^{n+1}=Q_0\overline{Q_1}$，能自启动。

8. 能自启动。

9. 能自启动。

10. 八进制计数器。

第 6 章

1. $8T_C$ 2. 10kHz 3. 110 4. $10/(2^{10}-1)$；$10/(2^8-1)$ 5. -5.0154V；-7.2188V；-3.9375V 6. 略

第 7 章

一、选择题

1. BD　2. D　3. C　4. C　5. C　6. C　7. A　8. D　9. B　10. A　11. D　12. C
13. A　14. ACD

二、判断题

1. √　　2. √　　3. √　　4. ×　　5. ×

6. ×　　7. ×　　8. √　　9. √　　10. √

参 考 文 献

[1] 中国集成电路大全编写委员会. 中国集成电路大全 [M]. 北京：国防工业出版社，1985.

[2] 秦学礼. 计算机电路基础 [M]. 北京：机械工业出版社，2006.

[3] 马义忠，常蓬彬，马浚. 数字电路逻辑设计 [M]. 北京：人民邮电出版社，2007.

[4] 徐秀平. 数字电路与逻辑设计 [M]. 北京：电子工业出版社，2010.

[5] Rabaey J M, Chandrakasan A, Nikolie B. 数字集成电路——电路、系统与设计 [M]. 周润德等译. 北京：电子工业出版社，2010.

[6] 刘一清，何金儿，丰颖. 数字逻辑电路实验与能力训练 [M]. 北京：科学出版社，2010.

[7] 谢兰清，黎艺华. 数字电子技术项目教程 [M]. 北京：电子工业出版社，2010.

[8] 毛瑞丽. 数字电子技术及应用 [M]. 北京：机械工业出版社，2010.

图书在版编目（CIP）数据

数字电路基础与实验实训/孔欣等编著. —北京：中国人民大学出版社，2012
浙江省重点教材建设项目
全国高等院校计算机职业技能应用规划教材
ISBN 978 - 7 - 300 - 15668 - 2

Ⅰ. ①数… Ⅱ. ①孔… Ⅲ. ①数字电路-高等学校-教材 Ⅳ. ①TN79

中国版本图书馆 CIP 数据核字（2012）第 220270 号

浙江省重点教材建设项目
全国高等院校计算机职业技能应用规划教材
数字电路基础与实验实训
孔欣　管瑞霞　严伟　编著

出版发行	中国人民大学出版社				
社　址	北京中关村大街 31 号		**邮政编码**	100080	
电　话	010 - 62511242（总编室）		010 - 62511398（质管部）		
	010 - 82501766（邮购部）		010 - 62514148（门市部）		
	010 - 62515195（发行公司）		010 - 62515275（盗版举报）		
网　址	http://www.crup.com.cn				
	http://www.ttrnet.com（人大教研网）				
经　销	新华书店				
印　刷	北京市媛明印刷厂				
规　格	185mm×260mm　16 开本		**版　次**	2012 年 9 月第 1 版	
印　张	13.25		**印　次**	2012 年 9 月第 1 次印刷	
字　数	331 000		**定　价**	26.00 元	

教师信息反馈表

为了更好地为您服务，提高教学质量，中国人民大学出版社愿意为您提供全面的教学支持，期望与您建立更广泛的合作关系。请您填好下表后以电子邮件或信件的形式反馈给我们。

您使用过或正在使用的我社教材名称		版次	
您希望获得哪些相关教学资料			
您对本书的建议（可附页）			
您的姓名			
您所在的学校、院系			
您所讲授课程名称			
学生人数			
您的联系地址			
邮政编码		联系电话	
电子邮件（必填）			
您是否为人大社教研网会员	□ 是　会员卡号：＿＿＿＿＿＿＿ □ 不是，现在申请		
您在相关专业是否有主编或参编教材意向	□ 是　　　　　□ 否 □ 不一定		
您所希望参编或主编的教材的基本情况（包括内容、框架结构、特色等，可附页）			

我们的联系方式：北京市海淀区中关村大街 31 号

中国人民大学出版社教育分社

邮政编码：100080

电话：010-62515923

网址：http://www.crup.com.cn/jiaoyu

E-mail：jyfs_2007@126.com